TEUBNERS TECHNISCHE LEITFÄDEN
BAND 13

PRAKTISCHE ASTRONOMIE

GEOGRAPHISCHE ORTS- UND ZEITBESTIMMUNG

VON

VICTOR THEIMER

MIT 62 FIGUREN IM TEXT

Springer Fachmedien Wiesbaden GmbH 1921

ISBN 978-3-663-15279-8   ISBN 978-3-663-15847-9 (eBook)
DOI 10.1007/978-3-663-15847-9

ALLE RECHTE,
EINSCHLIESSLICH DES ÜBERSETZUNGSRECHTS, VORBEHALTEN.

Vorwort.

Der vorliegende Leitfaden „Praktische Astronomie" dient in erster Linie dem Zwecke, dem Studierenden eine kurze und leicht faßliche Darstellung des einschlägigen Gebietes an die Hand zu geben. — Die Beweise sind tunlichst exakt durchgeführt, der erklärende Text so knapp als möglich gehalten. — Das ganze Streben des Verfassers war darauf gerichtet, korrekte Darstellung und Kürze zu vereinen.

Denn wenn auch die mathematische Literatur eine ganze Reihe vortrefflicher Werke über sphärische Astronomie ihr Eigen nennt, so darf doch nicht vergessen werden, daß deren beträchtlicher Umfang den Anfänger meistens zurückschreckt. — Dies gilt nicht so sehr von dem Astronomie studierenden Universitätshörer, der dieses Fach zu seinem Lebensberufe erwählt, als vielmehr von den Studierenden der Hochschulen technischer Richtung, für welche naturgemäß nur einzelne Partien des umfangreichen Stoffes besonderes Interesse haben.

Es sind zwar heute auch bereits etliche kleinere Schriften über sphärische Astronomie im Buchhandel erschienen, jedoch läßt bei diesen die Behandlung gewisser Abschnitte an Exaktheit so manches zu wünschen übrig.

Den Abschnitten über die Korrektionen habe ich ganz besondere Aufmerksamkeit zugewandt, da ohne ein gründliches Verständnis dieser Teile eine einwandfreie Lösung astronomischer Aufgaben überhaupt nicht möglich ist. Auch der Inhalt der anderen Abschnitte ist trotz Einhaltung strenger Beweisführung in einer dem Anfänger leicht verständlichen Form zur Darstellung gebracht.

Sollte es dem Verfasser gelungen sein, der akademischen Jugend in vorliegendem Buche einen Behelf zu schaffen, der ihr gestattet, sich die Kenntnis der Elemente der sphärischen Astronomie mit einem Minimum von Zeitaufwand und Mühe anzueignen, dann ist die bei der Abfassung des Buches aufgewandte Mühe reichlich belohnt.

Der geehrten Verlagsbuchhandlung B. G. Teubner in Leipzig sage ich für das mir bei der Drucklegung vorliegenden Buches in jeder Hinsicht bewiesene Entgegenkommen meinen verbindlichsten Dank.

Leoben, im April 1921.

Viktor Theimer.

Inhaltsverzeichnis.

I. Planetenbewegung. — Koordinatensysteme. — Zeit. Seite

- § 1. Grundbegriffe und Definitionen 1
- § 2. Die Keplerschen Gesetze der Planetenbewegung 5
- § 3. Sphärische Koordinatensysteme 13
- § 4. Umwandlung von Horizontalkoordinaten in Äquatorealkoordinaten. 16
- § 5. Umwandlung von Äquatorealkoordinaten in Horizontalkoordinaten. 16
- § 6. Zeit und Azimut des Auf- und Unterganges eines Fixsternes 17
- § 7. Zeit und Zeitumwandlung 17
- § 8. Bemerkungen über Uhren 26

II. Die an astronomischen Beobachtungen anzubringenden Korrektionen.

- § 9. Das Korrektionsglied der Horizontalkreisablesung wegen Kippachsenfehler 28
- § 10. Das Korrektionsglied der Horizontalkreisablesung wegen Kollimationsfehler. 31
- § 11. Das Korrektionsglied der Horizontalkreisablesung wegen Gestirnradius. 35
- § 12. Zusammenfassung aller Korrektionen der Horizontalrichtungsmessung 36
- § 13. Theorie des Vertikalkreises 37
- § 14. Die Vertikalkreis-Versicherungslibelle 45
- § 15. Vertikalwinkelmessung bei nichteinspielender Versicherungslibelle 48
- § 16. Die Korrektion der Zenitdistanz wegen Refraktion 60
- § 17. Die Korrektion der Zenitdistanz wegen Parallaxe 63
- § 18. Die Korrektion der Zenitdistanz wegen Gestirnradius . . . 64

III. Meridian- und Zeitbestimmung.

- § 19. Meridianbestimmung aus korrespondierenden Fixsternhöhen 65
- § 20. Meridianbestimmung aus korrespondierenden Sonnenhöhen 70
- § 21. Bestimmung des Azimuts der größten Sonnenhöhe 75
- § 22. Zeitbestimmung aus korrespondierenden Fixsternhöhen . . 76
- § 23. Zeitbestimmung aus korrespondierenden Sonnenhöhen . . 77
- § 24. Berechnung der Zeit der größten Sonnenhöhe 83
- § 25. Meridianbestimmung aus einzelnen Zenitdistanzen 84
- § 26. Meridianbestimmung aus der Zeit 93
- § 27. Zeitbestimmung aus Zenitdistanzen 97

IV. Geographische Breiten- und Längenbestimmung.

- § 28. Breitenbestimmung aus Stundenwinkel und Zenitdistanz . 102
- § 29. Breitenbestimmung aus Meridianzenitdistanzen 105
- § 30. Breitenbestimmung aus Zirkummeridianzenitdistanzen . . 105
- § 31. Breitenbestimmung aus Sterndurchgängen durch einen bestimmten Vertikal. 113
- § 32. Bestimmung des geographischen Längenunterschiedes aus Mondkulminationen 122

I. Planetenbewegung. — Koordinatensysteme. — Zeit.

§ 1. Grundbegriffe und Definitionen. *Die Erde dreht sich bekanntlich mit konstanter Geschwindigkeit um ihre Achse, von West nach Ost.*

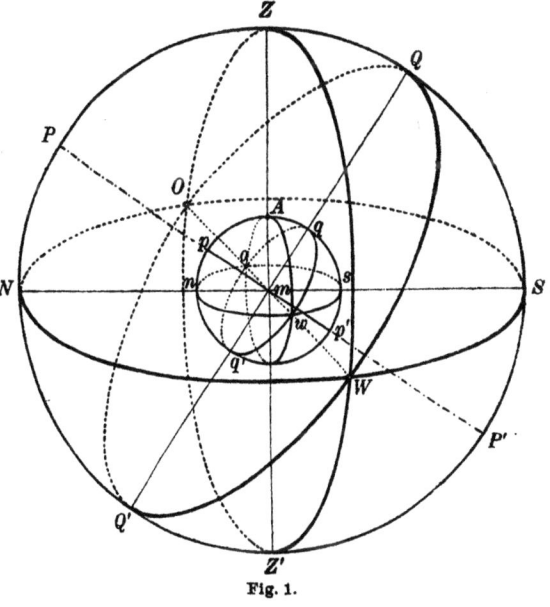

Fig. 1.

Die Folge dieser Bewegung ist die scheinbare Drehung des Himmelsgewölbes in entgegengesetzter Richtung, also von Ost nach West.

D. h. alle Gestirne gehen im Osten auf, und im Westen unter.

Die nach beiden Seiten ins Unendliche verlängerte Erdachse heißt „Weltachse". Ihre Durchstoßpunkte mit der scheinbaren Himmelskugel sind die „Weltpole".

In Figur 1 sei: p der Nordpol $\}$ der Erdachse
 p' der Südpol

 P der Nordpol $\}$ der Weltachse.
 P' der Südpol

Die durch den Erdmittelpunkt m normal zur Weltachse gelegte Ebene heißt Äquatorebene. Dieselbe schneidet die Erdkugel im „Erdäquator" ($q w q' o$) und die Himmelskugel im „Himmelsäquator" ($Q W Q' O$).

Ist A ein beliebiger Punkt auf der Erdoberfläche, so heißt die durch A und die Weltachse gelegte Ebene die „Meridianebene" des Punktes A.

Dieselbe schneidet die Erdkugel im Erdmeridiane ($Apq'p'q$), die Himmelskugel im Himmelsmeridiane ($ZPQ'P'Q$).

Jedem Punkte A der Erdoberfläche entspricht eine ganz bestimmte Richtung der Schwerkraft, welche durch die Ruhelage eines in A aufgehängten, freischwebenden Lotes gegeben ist. Die Durchstoßpunkte der nach beiden Seiten verlängerten Lotrichtung des Ortes A mit der scheinbaren Himmelskugel nennt man „Zenit" (Z), bzw. *Nadir* (Z').

Legt man durch A eine Ebene normal zur Lotrichtung, so schneidet diese die Himmelskugel im sogenannten „scheinbaren Horizonte", dagegen schneidet die durch den Erdmittelpunkt m gelegte Parallelebene die Himmelskugel im „wahren Horizonte", welcher ein größter Kugelkreis ist und in Figur 1 durch die Ellipse ($SWNO$) dargestellt erscheint.

Da der Erdradius im Vergleiche zu dem unendlich großen Halbmesser der scheinbaren Himmelskugel als unendlich kleine Größe aufgefaßt werden kann, so fällt der wahre und der scheinbare Horizont in einem einzigen, größten Kugelkreise, nämlich dem wahren Horizonte zusammen.

Die Ebene des wahren Horizontes steht auf der Ebene des Meridianes normal; die Schnittgerade $\overline{NS}$ dieser beiden Ebenen bestimmt die Nord-Süd-Linie des wahren Horizontes. Ihr nördlicher Durchstoßpunkt mit der Himmelskugel heißt „*Nordpunkt*", ihr südlicher Durchstoßpunkt „*Südpunkt*" des wahren Horizontes.

Jede Ebene, die durch die Lotrichtung ZZ' des Beobachtungsortes A gelegt werden kann, heißt eine Vertikalebene dieses Ortes oder kurzweg „ein Vertikal". — Unter den Vertikalen hat derjenige eine besondere Bedeutung, der auf der Meridianebene des Beobachtungsortes senkrecht steht. — Man nennt denselben den **„ersten Vertikal"**.

Der Schnitt des ersten Vertikales mit dem wahren Horizonte liefert die Ost-West-Linie OW, welche die scheinbare Himmelskugel im Ostpunkte O, bzw. Westpunkte W durchstößt.

Die Ost-West-Linie ist zugleich auch die Schnittgerade der Ebenen des wahren Horizontes und Äquators.

Die scheinbare Bewegung der Himmelskugel wird erst durch die scheinbare Bewegung der Gestirne wahrnehmbar.

Man unterscheidet zwei Gruppen von Gestirnen:

a) Gestirne mit Eigenbewegung (Planeten, Monde, Kometen usw.).

b) Gestirne ohne Eigenbewegung (Fixsterne).

Die scheinbaren Bahnen der Fixsterne sind Kreisbahnen, deren Mittelpunkte auf der Weltachse liegen und deren Ebenen zur Weltachse senkrecht stehen (Parallelkreise der Himmelskugel).

Dagegen sind die scheinbaren Bahnen der Gestirne mit Eigenbewegung schraubenlinienartige Kurven auf der Himmelskugel.

§ 1. Grundbegriffe und Definitionen

Eine Sonderstellung nimmt lediglich die Zentrale unseres engeren Weltsystemes, die Sonne ein, die zwar in die Gruppe der Fixsterne gehört, also keine Eigenbewegung hat, nichtsdestoweniger aber eine schraubenlinienartige scheinbare Bahn beschreibt.

Die Ursache dieser sonderbaren Erscheinung liegt in der jährlichen Bewegung der Erde um die Sonne in einer Bahn, deren Ebene gegen die Ebene des Himmelsäquators unter einem Winkel von etwa 23.5^0 geneigt ist.

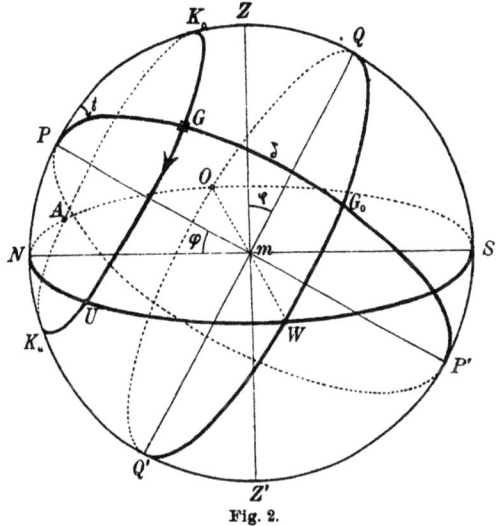

Fig. 2.

In Figur 2 sei m die als Punkt aufgefaßte Erde, $\overline{PP'}$ die Weltachse.

Ferner sei: $(QWQ'O)$ der Himmelsäquator ⎫
$(SWNO)$ der wahre Horizont ⎬ für einen bestimmten Punkt der Erdoberfläche.
$(PZP'Z')$ der Meridian ⎪
$\overline{ZZ'}$ die Lotrichtung ⎭

Nun stelle G irgendein beliebiges Gestirn, z. B. einen Fixstern vor. — Die scheinbare tägliche Bahn dieses Fixsternes ist der zur Weltachse $\overline{PP'}$ senkrechte Kreis (AK_oUK_u) mit dem „*Aufgangspunkte*" A und dem „*Untergangspunkte*" U.

Die durch das Gestirn G und die Weltachse gelegte Ebene heißt „*Stundenebene*"; ihr Schnitt mit der scheinbaren Himmelskugel heißt „*Stundenkreis*". Letzterer ist in Figur 2 durch die Ellipse $(\overparen{PGP'P})$ dargestellt.

Der Winkel t, den die Stundenebene mit der Meridianebene des Beobachtungsortes einschließt, heißt „Stundenwinkel".

Derselbe ist eine Funktion der Zeit und ändert sich infolge der scheinbaren Bewegung des Gestirnes von Augenblick zu Augenblick.

Er wird vom Südzweige des Meridians begonnen, über West nach Ost von 0^0 bis 360^0 gezählt.

4 I. Planetenbewegung. — Koordinatensysteme. — Zeit

Die Durchstoßpunkte der Gestirnbahn mit der Meridianebene heißen „*Kulminationspunkte*"; und zwar wird K_o der obere, K_u der untere Kulminationspunkt genannt.

Für die obere Kulmination eines Gestirnes ist, wie aus der Figur ersichtlich ist, der Stundenwinkel $t = 0$, für die untere Kulmination dagegen ist $t = 180°$.

Der Winkel $(ZmQ) = \varphi$, *den die Lotrichtung* $\overline{ZZ'}$ *im Beobachtungsorte mit der Ebene des Äquators einschließt, heißt die geographische Breite des Beobachtungsortes.*

Der Winkel (PmN), *den die Weltachse mit dem Horizonte des Beobachtungsortes einschließt, heißt die Polhöhe.*

Da nach Figur 2 $\begin{Bmatrix} \overline{Pm} \perp \overline{QQ'} \\ \overline{Nm} \perp \overline{ZZ'} \end{Bmatrix}$, so folgt, daß

(1) $$\sphericalangle (PmN) = \varphi;$$

d. h.: *die Polhöhe in einem beliebigen Orte der Erdoberfläche ist gleich der geographischen Breite dieses Ortes.*

Die Ebene des Stundenkreises (PGP') steht auf der Ebene des Äquators normal.

Der längs des Stundenkreises vom Äquator zum Gestirne gemessene Bogen $\widehat{G_0 G} = \delta$ *heißt die Deklination des Gestirnes.*

Dieselbe wird im Winkelmaße ausgedrückt und vom Äquator gegen den Nordpol P zu von $0°$ bis $(+ 90°)$, gegen den Südpol P' zu von $0°$ bis $(- 90°)$ gezählt.

Mithin ist für alle Gestirne auf der nördlichen Hälfte der Himmelskugel $\delta > 0$, für alle Gestirne auf der südlichen Hälfte der Himmelskugel $\delta < 0$.

Aus Figur 2 ist ferner ersichtlich, daß die untere Kulmination eines Gestirnes der Beobachtung nur dann zugänglich ist, wenn sie oberhalb des Horizontes stattfindet, d. h. wenn der untere Kulminationspunkt K_u oberhalb des Horizontes liegt.

Gestirne, deren untere Kulmination sichtbar bleibt, nennt man „*Zirkumpolarsterne*".

Für einen beliebigen Stern ist nach Figur 2 arcus $\widehat{Q'K_u} = \widehat{\delta}$.

Soll der betrachtete Stern insbesondere ein Zirkumpolarstern sein, so muß sein unterer Kulminationspunkt K_u oberhalb des Nordpunktes N liegen, was nur möglich ist, wenn

$$\text{arcus } \widehat{Q'P} - \text{arcus } \widehat{Q'K_u} < \widehat{NP}$$

also
$$\frac{\pi}{2} - \widehat{\delta} < \widehat{\varphi}$$

oder im Winkelmaße

(2) $$90° - \delta < \varphi.$$

§ 2. Die Keplerschen Gesetze der Planetenbewegung 5

Satz: *Damit ein Stern mit der Deklination δ ein Zirkumpolarstern sei für einen Beobachtungsort mit der geographischen Breite φ, muß er der Forderung* $90 - δ < φ$ *genügen.*

Speziell für $φ = 90°$ übergeht (2) in: $-δ < 0$ oder $δ > 0$; d.h.: *Für einen am Nordpole der Erde stehenden Beobachter sind alle Sterne mit positiver Deklination, also alle oberhalb des Himmelsäquators bzw. Polhorizontes liegenden Gestirne Zirkumpolarsterne.*

§ 2. Die Keplerschen Gesetze der Planetenbewegung.

Nach dem Newtonschen Gravitationsgesetze ziehen sich zwei Massen verkehrt proportional dem Quadrate ihrer Entfernung, dagegen direkt proportional der Größe ihrer Massen an.

Ist also P die zwischen zwei Massen m und M wirkende Kraft, und r der Abstand dieser Massen,

(1) so wird $P = c \cdot \dfrac{mM}{r^2}$;

wobei c einen konstanten Proportionalitätsfaktor bedeutet.

In Figur 3 sei m die punktförmig gedachte Masse eines Planeten (etwa der Erde), M die punktförmig gedachte Masse der Sonne, $\overline{Mm} = r$ der Abstand der beiden Weltkörper voneinander.

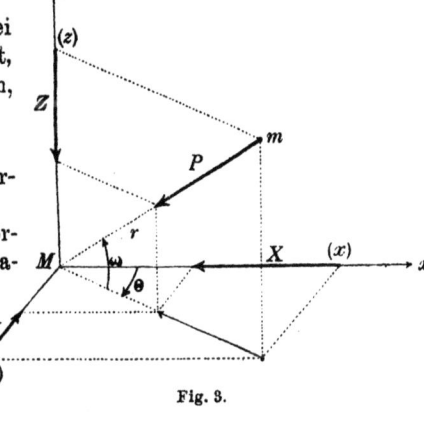

Fig. 3.

Legt man durch die Sonne M ein räumliches Koordinatensystem x, y, z, so sind die Projektionen der Anziehungskraft P auf die Koordinatenachsen durch folgende Gleichungen gegeben:

(2) $\begin{cases} X = -P\cos ω \cdot \cos θ \\ Y = -P\cos ω \cdot \sin θ \\ Z = -P\sin ω. \end{cases}$

Sind ferner x, y, z die laufenden Koordinaten des in Bewegung begriffenen Planeten m, so wird:

(3) $\begin{cases} x = r\cos ω \cdot \cos θ \\ y = r\cos ω \cdot \sin θ \\ z = r\sin w. \end{cases}$

Mithin wird:

(4) $\begin{cases} x \cdot Y - y \cdot X = -Pr \cdot \cos^2 ω \cdot \sin θ \cos θ + Pr \cdot \cos^2 ω \cdot \sin θ \cos θ = 0 \\ yZ - z \cdot Y = -Pr \cdot \sin ω \cdot \cos ω \sin θ + Pr \cdot \sin ω \cdot \cos ω \sin θ = 0 \\ zX - x \cdot Z = -Pr \cdot \sin ω \cdot \cos ω \cos θ + Pr \cdot \sin ω \cos ω \cdot \cos θ = 0 \end{cases}$

I. Planetenbewegung. — Koordinatensysteme. — Zeit

Drückt man die Kraftkomponenten durch die entsprechenden Produkte aus der Masse des Planeten und dessen Beschleunigung in den betreffenden Achsenrichtungen aus, so erhält man:

(5) $\quad X = m \cdot \dfrac{d^2 x}{dt^2}, \quad Y = m \cdot \dfrac{d^2 y}{dt^2}, \quad Z = m \cdot \dfrac{d^2 z}{dt^2};$

(5) in (4) eingesetzt liefert:

$$\left. \begin{aligned} x \cdot \dfrac{d^2 y}{dt^2} - y \cdot \dfrac{d^2 x}{dt^2} &= 0 \\ y \cdot \dfrac{d^2 z}{dt^2} - z \cdot \dfrac{d^2 y}{dt^2} &= 0 \\ z \cdot \dfrac{d^2 x}{dt^2} - x \cdot \dfrac{d^2 z}{dt^2} &= 0 \end{aligned} \right\} \text{ oder anders geschrieben: } \left\{ \begin{aligned} \dfrac{d}{dt}\left(x \cdot \dfrac{dy}{dt} - y \cdot \dfrac{dx}{dt}\right) &= 0 \\ \dfrac{d}{dt}\left(y \cdot \dfrac{dz}{dt} - z \cdot \dfrac{dy}{dt}\right) &= 0 \\ \dfrac{d}{dt}\left(z \cdot \dfrac{dx}{dt} - x \cdot \dfrac{dz}{dt}\right) &= 0. \end{aligned} \right.$$

Daraus folgt durch Integration, wenn man die willkürlichen Integrationskonstanten mit K_1, K_2, K_3 bezeichnet,

$$\left. \begin{aligned} x \cdot \dfrac{dy}{dt} - y \cdot \dfrac{dx}{dt} &= K_3 \;\Big|\; \cdot z \\ y \cdot \dfrac{dz}{dt} - z \cdot \dfrac{dy}{dt} &= K_1 \;\Big|\; \cdot x \\ z \cdot \dfrac{dx}{dt} - x \cdot \dfrac{dz}{dt} &= K_2 \;\Big|\; \cdot y \end{aligned} \right\} +$$

Multipliziert man diese drei Gleichungen der Reihe nach mit z, x, y, wie dies seitlich des Vertikalstriches angedeutet wurde, und addiert sodann, so kommt:

(6) $\quad \boldsymbol{K_1 \cdot x + K_2 \cdot y + K_3 \cdot z = 0};$

das ist aber die Gleichung einer durch den Koordinatenursprung (die Sonne) gehenden Ebene.

Daher der Satz:

Die Planetenbahnen sind ebene Kurven, deren Ebenen durch das Attraktionszentrum, die Sonne, hindurchgehen.

Dies ist das erste Keplersche Gesetz.

Auf Grund dieses Satzes können die weiteren Untersuchungen vereinfacht werden, indem man an Stelle des räumlichen Koordinatensystems ein ebenes Koordinatensystem x, y einführt, dessen Ursprung die Sonne ist und dessen Ebene mit der Ebene der Planetenbahn zusammenfällt.

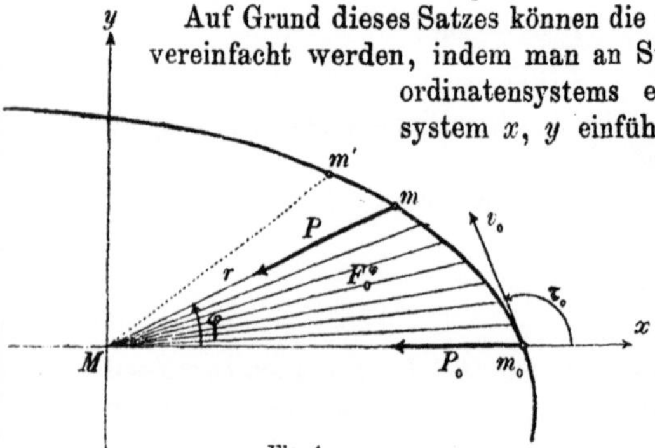

In Figur 4 werde die $(+ x)$-Achse durch jene Position m_0 des Planeten gelegt, von der aus das Gestirn in seiner Bahn

Fig. 4.

§ 2. Die Keplerschen Gesetze der Planetenbewegung

verfolgt werden soll. Der Zeitpunkt, in dem der Planet die Position m_0 passiert, sei t_0, seine in diesem Punkte herrschende Anfangsgeschwindigkeit v_0; die letztere schließe mit der positiven Richtung der x Achse irgendeinen bestimmten Winkel τ_0 ein.

In einem späteren Zeitpunkte t befindet sich der Planet in der Position m, und die auf ihn einwirkende Kraft P ist durch (1) bestimmt.

Sind X und Y die Kraftkomponenten in bezug auf das neue ebene Koordinatensystem, so wird

$$X = -P \cdot \cos\varphi = -c \cdot \frac{mM}{r^2} \cdot \cos\varphi = m \cdot \frac{d^2 x}{dt^2}$$

$$Y = -P \cdot \sin\varphi = -c \cdot \frac{mM}{r^2} \cdot \sin\varphi = m \cdot \frac{d^2 y}{dt^2}.$$

Setzt man der Kürze wegen $cM = K$, so kommt:

(7) $\qquad \dfrac{d^2 x}{dt^2} = -\dfrac{K}{r^2} \cdot \cos\varphi, \quad \dfrac{d^2 y}{dt^2} = -\dfrac{K}{r^2} \cdot \sin\varphi.$

Nun ist nach Figur:

(8) $\qquad x = r \cdot \cos\varphi, \quad y = r \cdot \sin\varphi,$

also

(9) $\dfrac{dx}{dt} = \dfrac{dr}{dt} \cos\varphi - r \cdot \sin\varphi \cdot \dfrac{d\varphi}{dt}, \quad \dfrac{dy}{dt} = \dfrac{dr}{dt} \sin\varphi + r \cos\varphi \cdot \dfrac{d\varphi}{dt},$

$$\left. \begin{array}{l} \dfrac{d^2 x}{dt^2} = \dfrac{d^2 r}{dt^2} \cos\varphi - 2 \sin\varphi \, \dfrac{dr}{dt} \dfrac{d\varphi}{dt} \\ \qquad - r \cos\varphi \cdot \left(\dfrac{d\varphi}{dt}\right)^2 - r \sin\varphi \cdot \dfrac{d^2\varphi}{dt^2} \Big| \cdot (-\sin\varphi) \\[4pt] \dfrac{d^2 y}{dt^2} = \dfrac{d^2 r}{dt^2} \cdot \sin\varphi + 2 \cos\varphi \cdot \dfrac{dr}{dt} \cdot \dfrac{d\varphi}{dt} \\ \qquad - r \sin\varphi \cdot \left(\dfrac{d\varphi}{dt}\right)^2 + r \cos\varphi \cdot \dfrac{d^2\varphi}{dt^2} \Big| \cdot (+\cos\varphi) \end{array} \right\} \text{addieren!}$$

$$\dfrac{d^2 y}{dt^2} \cdot \cos\varphi - \dfrac{d^2 x}{dt^2} \sin\varphi = 2 \cdot \dfrac{dr}{dt} \cdot \dfrac{d\varphi}{dt} + r \dfrac{d^2\varphi}{dt^2} \stackrel{(7)}{=} 0$$

oder anders geschrieben: $\quad \dfrac{1}{r} \cdot \dfrac{d}{dt}\left(r^2 \cdot \dfrac{d\varphi}{dt}\right) = 0;$

daraus durch Integration:

(10) $\qquad r^2 \cdot \dfrac{d\varphi}{dt} = \text{Const} = 2\,C.$

Nun sei m' eine der Position $m \begin{Bmatrix} x \\ y \end{Bmatrix}$ unendlich nahe benachbarte Position des Planeten, mit den Koordinaten $\begin{Bmatrix} x + dx \\ y + dy \end{Bmatrix}$; dann wird der

Flächeninhalt des im zugeordneten Zeitintervalle dt vom Radiusvektor beschriebenen Flächensektors (mMm') gleich:

(11)
$$\begin{aligned}dF &= \tfrac{1}{2}(x\,dy - y\,dx) = \{\text{wegen (8) und (9)}\} \\ &= \tfrac{1}{2}[r\cos\varphi \cdot (dr\sin\varphi + r\cos\varphi\,d\varphi) \\ &\quad - r\sin\varphi(dr\cos\varphi - r\sin\varphi\,d\varphi)] \\ &= \tfrac{1}{2}r^2(\cos^2\varphi + \sin^2\varphi)d\varphi = \tfrac{1}{2}r^2 d\varphi.\end{aligned}$$

Aus (10) und (11) erhält man:

(12) $$dF = C\,dt$$

und hieraus durch Integration zwischen den Grenzen t_0 und t den vom Radiusvektor im Zeitintervalle $(t-t_0)$ bestrichenen Flächensektor

(13) $$\boldsymbol{F_0^\varphi = C\int_{t_0}^{t} dt = C(t-t_0)}.$$

Die Gleichung (13) ist der Inhalt des *zweiten Keplerschen Gesetzes*, welches lautet:

Der vom Radiusvektor eines Planeten bestrichene Flächensektor ist dem zugeordneten Zeitintervalle proportional.

Oder: *In gleichen Zeiten werden vom Radiusvektor gleiche Flächenräume beschrieben.*

Bekanntlich ist

$\dfrac{dx}{dt} = v_x =$ Geschwindigkeit des Planeten in der Richtung der x-Achse

$\dfrac{dy}{dt} = v_y =$ Geschwindigkeit des Planeten in der Richtung der y-Achse.

Mithin kann man die Gleichung (7) auch folgendermaßen schreiben:
$$\frac{dv_x}{dt} = -\frac{K}{r^2}\cos\varphi, \quad \frac{dv_y}{dt} = -\frac{K}{r^2}\cdot\sin\varphi,$$

woraus durch Integration folgt:

(14)
$$\begin{aligned}v_x - v_{x_0} &= -K\cdot\int_{t_0}^{t}\frac{\cos\varphi}{r^2}\cdot dt \stackrel{(10)}{=} -\frac{K}{2C}\cdot\int_0^{\varphi}\cos\varphi\,d\varphi \\ &= -\frac{K}{2C}\cdot\sin\varphi = -A\sin\varphi, \quad A = \frac{K}{2C} = \text{Const.} \\ v_y - v_{y_0} &= -K\cdot\int_{t_0}^{t}\frac{\sin\varphi}{r^2}dt = -\frac{K}{2C}\cdot\int_0^{\varphi}\sin\varphi\,d\varphi \\ &= \frac{K}{2C}\cdot\{\cos\varphi\}_0^{\varphi} = -A(1-\cos\varphi).\end{aligned}$$

§ 2. Die Keplerschen Gesetze der Planetenbewegung

Nach (9) ist

$$\left.\begin{aligned}v_x &= \frac{dr}{dt}\cdot\cos\varphi - r\sin\varphi\cdot\frac{d\varphi}{dt} \quad\Big|\cdot(-\sin\varphi)\\ v_y &= \frac{dr}{dt}\cdot\sin\varphi + r\cos\varphi\cdot\frac{d\varphi}{dt} \quad\Big|\cdot(+\cos\varphi)\end{aligned}\right\}\text{addieren!}$$

$$v_y\cos\varphi - v_x\cdot\sin\varphi = r\cdot\frac{d\varphi}{dt},$$

daraus $\quad\dfrac{d\varphi}{dt} = \dfrac{1}{r}(v_y\cos\varphi - v_x\sin\varphi) \overset{(10)}{=} \dfrac{2C}{r^2}.$

(15) Mithin $\quad r = \dfrac{2C}{v_y\cos\varphi - v_x\cdot\sin\varphi}.$

Nach (14) wird

$$v_y\cos\varphi - v_x\cdot\sin\varphi = (v_{y_0} - A)\cos\varphi - v_{x_0}\sin\varphi + A$$

$$= \left\{\begin{aligned}&\text{für}\quad v_{x_0} = (v_{y_0} - A)\cdot\operatorname{tg}\gamma\\ &\text{also}\quad \operatorname{tg}\gamma = \frac{v_{x_0}}{v_{y_0} - A}\end{aligned}\right\} = (v_{y_0} - A)\cdot\frac{\cos(\varphi + \gamma)}{\cos\gamma} + A.$$

Setzt man noch $\dfrac{v_{y_0} - A}{\cos\gamma} = B$, so kommt:

(16) $\qquad v_y\cos\varphi - v_x\sin\varphi = B\cdot\cos(\varphi + \gamma) + A;$

(16) in (15) eingesetzt liefert für die Bahngleichung des Planeten den Ausdruck:

$$(17)\left\{\begin{aligned}r &= \frac{2\dfrac{C}{A}}{1 + \dfrac{B}{A}\cdot\cos(\varphi + \gamma)}\\ &= \left\{\text{wenn}\ 2\cdot\frac{C}{A} = p,\ \frac{B}{A} = \varepsilon,\ \varphi + \gamma = \varPhi\ \text{gesetzt wird}\right\}\\ &= \frac{p}{1 + \varepsilon\cdot\cos\varPhi} = r.\end{aligned}\right.$$

Dies aber ist die Polargleichung einer Kegelschnittslinie mit dem Parameter p, dem Polarwinkel $\varPhi$ und der numerischen Exzentrizität ε; die Polarachse fällt mit der Hauptachse des Kegelschnittes, und der Pol mit jenem Brennpunkte zusammen, der dem auf der Polarachse liegenden Scheitelpunkte der Kurve näher liegt (Figur 5).

Mithin erhält man den Satz:

Die Bahnen der Planeten sind Kegelschnittslinien,

Da durch Beobachtung festgestellt wurde, daß die Planeten nach gewissen periodischen Zeitintervallen stets wieder in dieselbe relative Lage zur Sonne gelangen, so können obgenannte Kegelschnittslinien lediglich Ellipsen sein.

10   I. Planetenbewegung. — Koordinatensysteme. — Zeit

Dies liefert das *I. Keplersche Gesetz*:

Die Planeten und insbesondere die Erde umkreisen die Sonne in elliptischen Bahnen, in deren einem Brennpunkte die Sonne steht.

Infolge der Elliptizität der Erdbahn ist der Sonnenradius periodisch veränderlich; und zwar erreicht er

den Maximalwert von $32'36''$ im Jänner (Sonnennähe oder Perihel),
den Minimalwert von $31'30''$ im Juli (Sonnenferne oder Aphel).

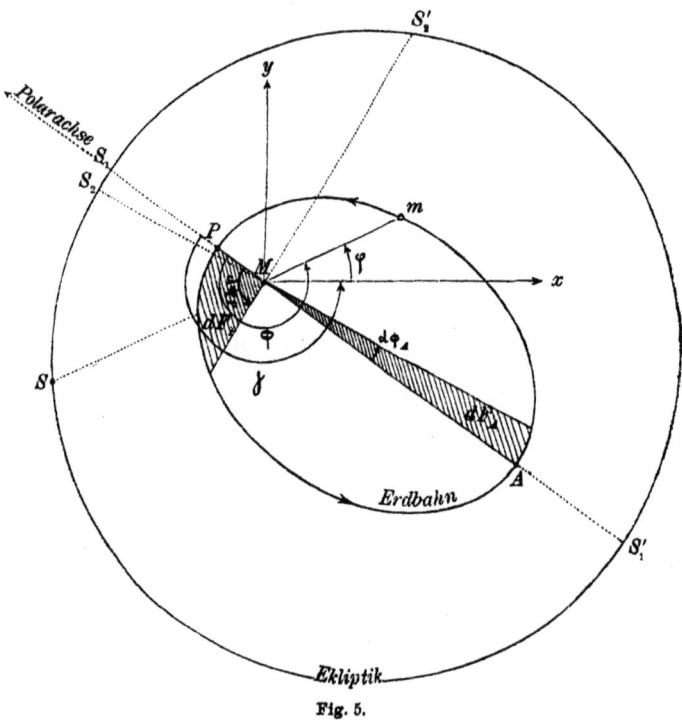

Fig. 5.

In Figur 5 sind Periphel und Aphel mit den Buchstaben P bzw. A bezeichnet. M bedeutet die in einem Brennpunkte der Erdbahnellipse stehende Sonne.

Die Ebene der Erdbahnellipse schneidet die Himmelskugel in einem größten Kugelkreise, den man die Ekliptik nennt.

In Figur 5 ist die Ekliptik durch einen Kreis dargestellt, der die Erdbahnellipse umschließt.

*Die Ebene der Ekliptik, also auch der Erdbahnellipse, ist, wie durch Beobachtung festgestellt werden kann, gegen die Ebene des Äquators unter einem Winkel von etwa $23°27'$ geneigt; man nennt diesen Winkel die „**Schiefe der Ekliptik**".*

§ 2. Die Keplerschen Gesetze der Planetenbewegung

Es ist ohne weiteres einleuchtend, daß das Auge eines auf der Erde (m) befindlichen Beobachters die in M stehende Sonne nach dem Punkte S der Ekliptik projiziert.

Durchläuft also die Erde ihre elliptische Bahn, so durchläuft die Sonne (allerdings nur scheinbar) die Ekliptik, und in dem Augenblicke, wo die Erde einen Umlauf ihrer Bahn vollendet, muß auch die Sonne einen scheinbaren Umlauf der Ekliptik vollenden.

Ist $\quad a \quad\quad$ die halbe große Achse $\quad\quad\quad\Big\}$
$\quad\quad b \quad\quad$ die halbe kleine Achse $\quad\quad\quad$ der Bahn-
$\quad\quad c = \sqrt{a^2 + b^2}$ die lineare Exzentrizität $\quad$ ellipse
$\quad\quad \varepsilon = \dfrac{e}{a} \quad$ die numerische Exzentrizität $\quad$ der Erde,

so beschreibt in einem unendlich kleinen Zeitintervalle dt der Radiusvektor der Erde nach Formel (11)

im Aphel die Fläche: $dF_A = \tfrac{1}{2} r_A^2 d\Phi_A = \tfrac{1}{2}(a+e)^2 \cdot d\Phi_A$

im Perihel die Fläche: $dF_P = \tfrac{1}{2} r_P^2 d\Phi_P = \tfrac{1}{2}(a-e)^2 \cdot d\Phi_P$.

Beide Flächen sind in Figur 5 durch Schraffierung hervorgehoben.

Da nun nach dem zweiten Keplerschen Gesetze in gleichen Zeitintervallen dt vom Radiusvektor gleiche Flächenräume bestrichen werden, so muß $dF_A = dF_P$ sein.

Mithin erhält man: $(a+e)^2 d\Phi_A = (a-e)^2 d\Phi_P$

(18) $\quad$ oder $\quad \dfrac{d\Phi_P}{d\Phi_A} = \dfrac{(a+e)^2}{(a-e)^2} = \left(\dfrac{a+e}{a-e}\right)^2 = \left(\dfrac{1+\varepsilon}{1-\varepsilon}\right)^2.$

Genau um denselben Winkel $d\Phi_A$ bzw. $d\Phi_P$, um den sich der Polarwinkel Φ der Erde im Zeitintervalle dt verändert, bewegt sich die Sonne für einen auf der Erde stehenden Beobachter in ihrer scheinbaren Bahn auf der Ekliptik weiter.

Passiert also die Erde das Aphel, so bewegt sich die Sonne im Zeitintervalle dt von S_1 nach S_2; passiert dagegen die Erde das Perihel, dann bewegt sich die Sonne im gleichen Zeitintervalle dt von S_1' nach S_2'.

Nennt man allgemein $\dfrac{d\Phi}{dt} = \omega$ die Winkelgeschwindigkeit der scheinbaren Sonnenbewegung in der Ekliptik, so hat man nach (18):

(19) $\quad\quad\quad \dfrac{\omega_P}{\omega_A} = \dfrac{\dfrac{d\Phi_P}{dt}}{\dfrac{d\Phi_A}{dt}} = \left(\dfrac{1+\varepsilon}{1-\varepsilon}\right)^2 > 1.$

Damit ist das Verhältnis der Winkelgeschwindigkeiten der scheinbaren Sonnenbewegung im Perihel und Aphel bestimmt und nachgewiesen, daß die Winkelgeschwindigkeit der Sonne im Perihel größer ist als jene im Aphel. Denn nach (19) ist

(20) $\qquad \omega_P > \omega_A.$

Die in Formel (19) auftretende numerische Exzentrizität der Erdbahnellipse kann nach Figur 5a wie folgt berechnet werden: In dieser Figur ist S die Sonne, P das Perihel, A das Aphel, und es wird der Sonnendurchmesser

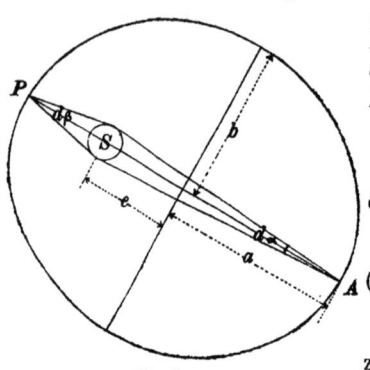

Fig. 5 a.

$$D = (a+e)\,d\alpha \doteq (a-e)\,d\beta$$
$$\frac{d\beta}{d\alpha} \doteq \frac{a+e}{a-e} = \frac{1+\varepsilon}{1-\varepsilon}$$

daraus findet man:

(21) $\qquad \varepsilon \doteq \dfrac{\dfrac{d\beta}{d\alpha}-1}{\dfrac{d\beta}{d\alpha}+1};$

zur ziffermäßigen Auswertung hat man in dieser Formel für $d\alpha$ und $d\beta$ die durch Beobachtung festgesetzten Werte einzusetzen. Dieselben sind

$$\tfrac{1}{2}\cdot d\alpha = 15'45'' = 945'', \quad \tfrac{1}{2}\cdot d\beta = 16'17'' = 977''$$

und ergeben das Resultat $\varepsilon \doteq 0{\cdot}016\,649$.

Bezeichnet man die Umlaufszeit der Erde um die Sonne mit T, und beachtet man, daß während dieser Zeit vom Radiusvektor der ganze Flächeninhalt $F = ab\pi$ der Bahnellipse durchlaufen wird, so erhält man nach Formel (13) die Beziehung:

(22) $\qquad F = ab\pi = CT, \quad \text{daraus} \quad C = \dfrac{ab\pi}{T}.$

Der Parameter einer Ellipse ist im allgemeinen durch die Gleichung $p = \dfrac{b^2}{a}$ bestimmt. Für die Ellipse der Erd- oder Planetenbahn ist demnach

$$p \stackrel{(17)}{=} \frac{2C}{A} \stackrel{(14)}{=} \frac{4C^2}{K} = \frac{b^2}{a}, \quad \text{also} \quad b = 2C\cdot\sqrt{\frac{a}{K}},$$

dies in (22) eingesetzt gibt:

(23) $\qquad 1 = \dfrac{2\pi}{T}\cdot\sqrt{\dfrac{a^3}{K}} \quad \text{oder} \quad T^2 = \dfrac{4\pi^2}{K}\cdot a^3.$

Für das Anziehungsfeld der Sonne ist $K = c\cdot M$ eine Konstante; daher sind alle Planeten gleichen Gesetzen unterworfen.

§ 3. Sphärische Koordinatensysteme

Sind $T_1, T_2, T_3, \cdots$ die Umlaufszeiten verschiedener Planeten, $a_1, a_2, a_3, \cdots$ die halben großen Achsen ihrer Bahnen, dann wird nach (23):

$$T_1^2 = \frac{4\pi^2}{K} \cdot a_1^3, \quad T_2 = \frac{4\pi^2}{K} \cdot a_2^3, \quad T_3 = \frac{4\pi^2}{K} \cdot a_3^3 \text{ usf.}$$

(24) Somit $\quad T_1^2 : T_2^2 : T_3^2 : \cdots = a_1^3 : a_2^3 : a_3^3 : \cdots$.

Diese Formel liefert das *III. Keplersche Gesetz: Die Quadrate der Umlaufszeiten der Planeten verhalten sich wie die dritten Potenzen der halben großen Achsen ihrer Bahnellipsen.*

§ 3. **Sphärische Koordinatensysteme.** Um die Position eines Gestirnes auf der Himmelskugel zu charakterisieren, benützt man sphärische Koordinatensysteme. In Figur 6 sei:

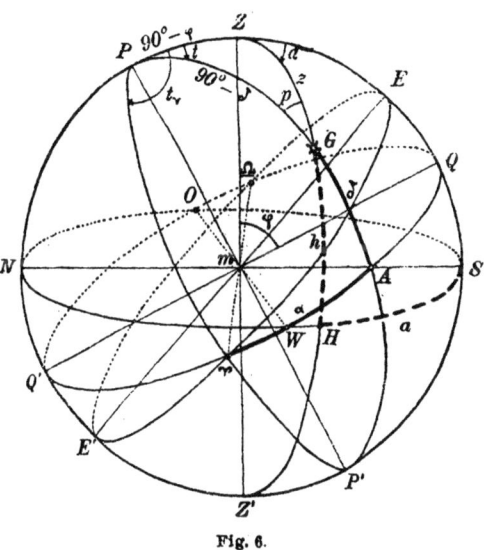

Fig. 6.

G die Position des Gestirnes in einem bestimmten Augenblicke;

PP' die Weltachse;

$(Q \Upsilon Q' \Omega)$ der Himmelsäquator;

$(E \Upsilon E' \Omega)$ die Ekliptik, welche den Himmelsäquator in den Punkten Υ und Ω schneidet.

Man nennt Υ den Frühlingspunkt, Ω den Herbstpunkt. Mitunter gebraucht man auch die für beide Punkte gemeinsame Bezeichnung „Äquinoktialpunkte".

Die Sonne passiert den Frühlingspunkt (Υ) am 21. März, den Herbstpunkt (Ω) am 23. September.

Ferner sei:

$(SWNO)$ der wahre Horizont
$(PQP'Q')$ der Meridian } des Beobachtungsortes auf der punktförmig gedachten Erde.
Z der Zenitpunkt
Z' der Nadirpunkt

14 I. Planetenbewegung. — Koordinatensysteme. — Zeit

Legt man durch das Gestirn G und die Weltachse $\overline{PP'}$ den Stundenkreis (PGP'), so projiziert dieser das Gestirn orthogonal nach dem Punkte A des Äquators, und es wurde bereits bemerkt, daß der sphärische Abstand $\widehat{AG} = \delta$ die Deklination des Gestirnes G genannt wird.

Der im Winkelmaße ausgedrückte sphärische Abstand des Projektionspunktes A vom Frühlingspunkte Υ, *also der Abstand* $\widehat{\Upsilon A} = \alpha$, *heißt „Rektaszension" des Gestirnes.*

Deklination δ und Rektaszension α spielen bei Fixsternen die Rolle von Konstanten. Bei Gestirnen mit Eigenbewegung dagegen, also bei Monden und Planeten, namentlich aber auch bei der Sonne, sind sie Funktionen der Zeit, die sich von Moment zu Moment verändern.

Die Rektaszension α wird vom Frühlingspunkte Υ begonnen, von West über Süd nach Ost, also entgegengesetzt der scheinbaren Bewegung des Himmelsgewölbes von 0^0 bis 360^0 gezählt.

Die relative Lage eines Gestirnes gegenüber den anderen Weltkörpern ist durch Angabe der Deklination und Rektaszension vollkommen bestimmt.

Deklination δ und Rektaszension α spielen demnach die Rolle von sphärischen Koordinaten und werden in der sphärischen Astronomie die „Äquatorealkoordinaten" des Gestirnes genannt.

Offenbar liegt das Bedürfnis vor, die Äquatorealkoordinaten der wichtigeren Gestirne tabellarisch zusammenzustellen, sobald man deren Größe durch wiederholte Beobachtungen mit hinreichender Genauigkeit festgestellt hat.

Tatsächlich sind derartige Tabellen in den astronomischen Kalendern und Jahrbüchern, den sogenannten Ephemeriden, zu finden. — In diesen sind aber nicht nur die Äquatorealkoordinaten der Fixsterne angegeben, sondern auch jene der Gestirne mit Eigenbewegung, also der Sonne, des Mondes und der Planeten. — Da die Äquatorealkoordinaten bei den letzteren Gestirnen veränderliche Größen sind, so wird ihre Angabe an gewisse absolute Zeitmomente geknüpft. — Und zwar bringen die Ephemeriden die Äquatorealkoordinaten der Gestirne mit Eigenbewegung, für alle Tage des Jahres, im mittleren Mittage jener Sternwarte, welche die Ephemeriden herausgibt.

Mit Hilfe dieser täglichen Daten kann man Deklination und Rektaszension eines Gestirnes mit Eigenbewegung für jeden beliebigen Moment entweder durch geradlinige oder aber parabolische Interpolation berechnen.

Die letztere wird allerdings nur beim Monde erforderlich sein, dessen Deklination und Rektaszension ungemein rasch veränderlich sind, während für Sonne und Planeten die geradlinige Interpolation (einfache Proportionalteilung) für praktische Arbeiten vollkommen genügt.

Man kann die jeweilige Lage eines Gestirnes G auch noch in anderer Weise charakterisieren.

Legt man nämlich durch Zenit, Nadir und Gestirn eine Vertikalebene, so schneidet diese die Himmelskugel in dem größten Kugelkreise (ZGZ'), welcher das Gestirn G nach dem Punkte H des Horizontes projiziert.

Der im Winkelmaße ausgedrückte Bogen $\widehat{HG} = h$ heißt Höhe, der im Winkelmaße ausgedrückte Bogen $\widehat{ZG} = z$ heißt Zenitdistanz des Gestirnes G.

Die Höhe h zählt man vom Horizonte gegen den Zenit zu von $0°$ bis $(+90°)$; die Zenitdistanz zählt man vom Zenit gegen den Horizont zu von $0°$ bis $(+90°)$.

Zwischen Zenitdistanz z und Höhe h eines Gestirnes besteht in jedem beliebigen Augenblicke die aus Figur 6 ohne weiteres ersichtliche Relation:

(1) $$z + h = 90°.$$

Der Winkel a, der durch die Vertikalebene des Gestirnes und den Südzweig der Meridianebene des Beobachtungsortes bestimmt ist, wird durch den Bogen $\widehat{SH} = a$ am Horizonte gemessen und heißt das Azimut des Gestirnes G.

Der Winkel a wird auch von den Tangenten des Meridian- und Vertikalkreises im Zenitpunkte eingeschlossen.

Das Azimut a zählt man vom Südpunkte S des Meridianes über West-Nord-Ost, von $0°$ bis $360°$.

Durch Azimut a und Höhe h beziehungsweise durch Azimut a und Zenitdistanz z ist die jeweilige Position des Gestirnes bestimmt.

Azimut a und Höhe h (bzw. Azimut a und Zenitdistanz z) liefern demnach eine zweite Art von sphärischen Koordinaten, welche man in der Astronomie die „Horizontalkoordinaten" des Gestirnes nennt.

Zwischen den Äquatorealkoordinaten und Horizontalkoordinaten eines Gestirnes bestehen einfache Relationen, die es ermöglichen, die einen aus den anderen zu berechnen, sobald die geographische Breite φ des Beobachtungsortes und die sogenannte Sternzeit S für den Moment der Beobachtung bekannt ist.

Dabei versteht man unter Sternzeit S den Stundenwinkel t_γ des Frühlingspunktes, der am Himmelsäquator durch den Bogen $\widehat{\Upsilon Q}$ gemessen wird.

(2) Es ist also: $\widehat{\Upsilon Q} = t_\gamma = S =$ Sternzeit.

Da nach Figur 6 $\widehat{\Upsilon A} = \alpha$, und $\widehat{QA} = t$ ist,

(3)   so folgt: $\widehat{\Upsilon Q} = \widehat{\Upsilon A} + \widehat{QA}$
oder $S = a + t$.

In Worten heißt das: *Sternzeit = Rektaszension + Stundenwinkel*.

Das in Figur 6 auftretende sphärische Dreieck (PZG) heißt **„Positionsdreieck"**.

Es hat die Seiten:

$$\begin{cases} PZ = 90 - \varphi \\ ZG = 90 - h = z, \\ GP = 90 - \delta \end{cases} \text{ und die Winkel: } \begin{cases} \sphericalangle P = t \\ \sphericalangle Z = 180^0 - a. \\ \sphericalangle G = p \end{cases}$$

Speziell der am Gestirn G auftretende, mit p bezeichnete Winkel heißt: *„parallaktischer Winkel"*.

§ 4. Umwandlung von Horizontalkoordinaten in Äquatorealkoordinaten.

Gegeben: $G\begin{Bmatrix} z \\ a \end{Bmatrix}$, ferner die geographische Breite φ und Sternzeit S.

Gesucht: $\delta = ?, \quad \alpha = ?$.

Aus dem in Figur 7 herausgezeichneten Positionsdreiecke (PZG) folgt:

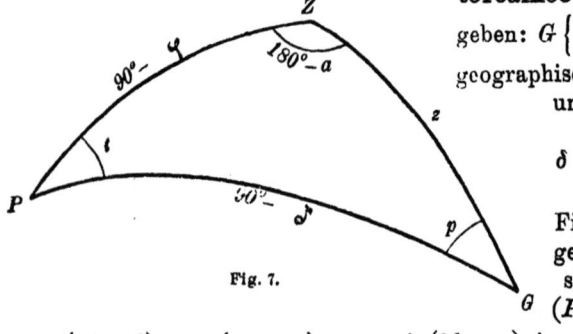

Fig. 7.

$\cos(90 - \delta) = \cos(90 - \varphi)\cos z + \sin(90 - \varphi)\sin z \cos(180^0 - a)$

(1) $\sin \delta = \sin \varphi \cos z - \cos \varphi \sin z \cdot \cos a$.

Daraus rechnet man: $\delta = \cdots$.

Nach dem Sinussatze wird:

(2) $\dfrac{\sin z}{\sin(90 - \delta)} = \dfrac{\sin t}{\sin(180^0 - a)}$,   daraus $\sin t = \dfrac{\sin z \cdot \sin a}{\cos \delta}$,

also $t = \cdots$.

Kennt man aber den Stundenwinkel t und die Sternzeit S, so wird

(3) $\alpha = S - t$.

§ 5. Umwandlung von Äquatorealkoordinaten in Horizontalkoordinaten.

Gegeben: $G\begin{Bmatrix} \alpha \\ \delta \end{Bmatrix}$, ferner φ, S.

Gesucht: $z = ?, a = ?$.

Aus der gegebenen Sternzeit S rechnet man zunächst den Stundenwinkel

(1) $t = S - \alpha$.

§ 4. Äquatorealkoordinaten. § 5. Horizontalkoordinaten. § 6. Fixstern

Sodann folgt aus dem Positionsdreieck (Figur 7):

$$\cos z = \cos(90-\varphi)\cos(90-\delta) + \sin(90-\varphi)\sin(90-\delta)\cdot\cos t$$

(2) $\qquad \cos z = \sin\varphi\sin\delta + \cos\varphi\cos\delta\cdot\cos t.$

Daraus rechnet man: $\quad z = \cdots.$

Hernach wird nach dem Sinussatze:

$$\frac{\sin(90-\delta)}{\sin z} = \frac{\sin(180-a)}{\sin t},$$

(3) oder $\quad \sin a = \dfrac{\sin t \cos\delta}{\sin z},\quad$ daraus $\quad a = \cdots.$

§ 6. Zeit und Azimut des Auf- und Unterganges eines Fixsterns.

Im Augenblicke des Auf- oder Unterganges eines Gestirnes ist

$$z = 90^0.$$

Um daher den Stundenwinkel des Auf- oder Unterganges zu berechnen, hat man einfach in der aus dem Positionsdreiecke folgenden, allgemein gültigen Gleichung:

$$\cos z = \sin\varphi\sin\delta + \cos\varphi\cos\delta\cos t, \cdots z = 90^0,$$

zu setzen und erhält:

$$0 = \sin\varphi\sin\delta + \cos\varphi\cos\delta\cdot\cos t,$$

(1) also: $\quad \cos t = -\operatorname{tg}\delta\operatorname{tg}\varphi.$

Die beiden Lösungen dieser Gleichung sind:

$\qquad$ der Stundenwinkel des Unterganges: $\quad t = t_U$

und $\qquad$ der Stundenwinkel des Aufganges: $\quad t = t_A = -t_U.$

In analoger Weise berechnet man das Azimut des Auf- oder Unterganges.

Aus dem Positionsdreiecke folgt allgemein:

$$\cos(90-\delta) = \cos(90-\varphi)\cos z + \sin(90-\varphi)\sin z \cos(180-a)$$

bzw.: $\sin\delta = \sin\varphi\cos z - \cos\varphi\sin z\cdot\cos a.$

Für $z = 90^0$ kommt:

(2) $\qquad\qquad \cos a = -\dfrac{\sin\delta}{\cos\varphi}.$

Die beiden Lösungen dieser Gleichung sind:

$\qquad$ das Azimut des Unterganges: $\quad a = a_U$

und $\qquad$ das Azimut des Aufganges: $\quad a = a_A = -a_U.$

§ 7. Zeit und Zeitumwandlung.

Da die Erde mit konstanter Geschwindigkeit um ihre Achse rotiert, so beschreiben die Fixsterne in gleichen Zeiten gleiche Bögen ihrer scheinbaren Bahnen.

18 I. Planetenbewegung. — Koordinatensysteme. — Zeit

Das Zeitintervall zwischen zwei unmittelbar aufeinanderfolgenden oberen Kulminationen irgendeines beliebigen Fixsternes heißt ein Sterntag.

Während dieses Zeitintervalles macht die Erde genau eine Umdrehung um ihre Achse. Die weitere Unterteilung des Sterntages in kleinere Zeiteinheiten ist folgende:

$$\left.\begin{array}{l}1 \text{ Sterntag } = 24 \text{ Sternstunden}\\ 1 \text{ Sternstunde } = 60 \text{ Sternminuten}\\ 1 \text{ Sternminute } = 60 \text{ Sternsekunden}\end{array}\right\}, \text{ oder in Zeichen} \left\{\begin{array}{l}1 \text{ Tag} = 24^h\\ 1^h = 60^m\\ 1^m = 60^s.\end{array}\right.$$

Daher ist auch:

$$1 \text{ Tag} = 24^h = 24 \cdot 60^m = 24 \cdot (60^2)^s = 86400^s.$$

Da in einem Sterntag jeder beliebige Fixstern genau einen ganzen Umlauf ($= 360^0$) beschreibt, so gelten die Relationen:

$$\left.\begin{array}{l}1 \text{ Tag} = 24^h = 360^0\\ 1^h = \dfrac{360^0}{24} = 15^0\\ 1^m = \dfrac{15^0}{60} = 15'\\ 1^s = \dfrac{15'}{60} = 15''\end{array}\right\} \text{ oder umgekehrt: } \left\{\begin{array}{l}\ldots\ldots\ldots\ldots\ldots\\ 1^0 = \left(\dfrac{1}{15}\right)^h = 4^m\\ 1' = \left(\dfrac{1}{15}\right)^m = 4^s\\ 1'' = \left(\dfrac{1}{15}\right)^s = 6{\cdot}06^s \doteq 0{\cdot}067^s.\end{array}\right.$$

Definition: *Unter der Ortssternzeit S versteht man den jeweiligen Stundenwinkel t_Υ des Frühlingspunktes Υ in dem betreffenden Orte.*

Demnach ist die Ortssternzeit:

$$S = 0^h, \ 1^h, \ 2^h \text{ usf.},$$

wenn der Stundenwinkel des Frühlingspunktes:

$$t_\Upsilon = 0^0, \ 15^0, \ 30^0 \text{ usf.}$$

Da sich die bürgerliche Beschäftigung nach dem Sonnenstande richtet, wäre es unzweckmäßig, die Sternzeit auch als bürgerliches Zeitmaß zu verwenden, da der Frühlingspunkt den Meridian irgendeines beliebigen Ortes zu den verschiedensten Tages- und Nachtzeiten passiert und demzufolge die einzelnen Tage auch zu den verschiedensten Tages- und Nachtzeiten beginnen müßten.

Weitaus zweckmäßiger erscheint es daher, die scheinbare Bewegung der Sonne zur bürgerlichen Zeitmessung heranzuziehen.

Allein auch dieses Projekt stößt auf gewisse Schwierigkeiten, indem der Zeitraum zwischen zwei unmittelbar aufeinanderfolgenden oberen Sonnenkulminationen eine veränderliche Größe ist, also auch nicht als Zeiteinheit angenommen werden darf.

Der Zeitraum zwischen je zwei unmittelbar aufeinanderfolgenden oberen Kulminationen der Sonne heißt ein wahrer Sonnentag.

§ 7. Zeit und Zeitumwandlung 19

Die Ursachen der verschiedenen Länge der wahren Sonnentage sind:

a) Die Bewegung der Erde um die Sonne in elliptischer Bahn.

b) Die Neigung der Ekliptik gegen den Äquator, also die sogenannte „Schiefe der Ekliptik".

Sub a) Nach dem zweiten Keplerschen Gesetze werden vom Radiusvektor der Erde in gleichen Zeiten gleiche Flächenräume beschrieben; ergo muß die Geschwindigkeit der Sonnenbewegung veränderlich sein.

Sub b) Den Einfluß der „Schiefe der Ekliptik" auf die Geschwindigkeit der scheinbaren Sonnenbewegung erkennt man aus Figur 8.

In dieser Figur bedeutet:

PP' die Weltachse,

m die Erde,

$(Q \Upsilon Q' \Omega)$ den Himmelsäquator,

$(E \Upsilon E' \Omega)$ die Ekliptik,

G die Sonne,

G_0 deren Projektion auf den Himmelsäquator,

α die Rektaszension der Sonne,

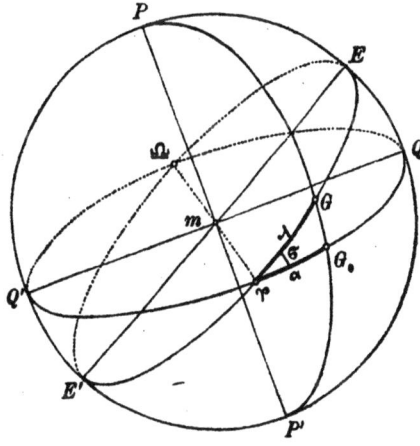

Fig. 8.

λ den sphärischen Abstand der Sonne vom Frühlingspunkte, die sogenannte „Länge der Sonne",

σ die Schiefe der Ekliptik $= 23^\circ\, 27'$.

Aus dem rechtwinkligen sphärischen Dreiecke $(G \Omega G_0)$, dessen rechter Winkel bei G_0 liegt, folgt:

$$\cos \sigma = \cotg \lambda \cdot \cotg(90 - \alpha) = \cotg \lambda \cdot \tg \alpha$$

(1) $$\tg \lambda = \frac{\tg \alpha}{\cos \sigma}.$$

Differentiiert man diese Gleichung unter Beachtung des Umstandes, daß σ eine Konstante bedeutet, so kommt:

$$\frac{d\lambda}{\cos^2 \lambda} = \frac{d\alpha}{\cos \sigma \cdot \cos^2 \alpha}.$$

Nach (1) ist:

$$1 + \tg^2 \lambda = \sec^2 \lambda = \frac{1}{\cos^2 \lambda} = 1 + \frac{\tg^2 \alpha}{\cos^2 \sigma} = \frac{\cos^2 \sigma \cos^2 \alpha + \sin^2 \alpha}{\cos^2 \alpha \cdot \cos^2 \sigma}.$$

I. Planetenbewegung. — Koordinatensysteme. — Zeit

Somit wird: $\dfrac{\cos^2\sigma \cdot \cos^2\alpha + \sin^2\alpha}{\cos^2\alpha \cdot \cos^2\sigma} d\lambda = \dfrac{d\alpha}{\cos^2\alpha \cdot \cos\sigma}$

(2) also $\quad d\alpha = \dfrac{\cos^2\sigma \cdot \cos^2\alpha + \sin^2\alpha}{\cos\sigma} \cdot d\lambda.$

Nun ist die Geschwindigkeit der Rektaszensionsänderung der Sonne
$$v_\alpha = \frac{d\alpha}{dt}$$
und die Geschwindigkeit der Längenänderung der Sonne
$$v_\lambda = \frac{d\lambda}{dt}.$$

Mithin kann die Gleichung (2) auch folgendermaßen geschrieben werden:

(3) $\quad v_\alpha = \dfrac{\cos^2\sigma \cdot \cos^2\alpha + \sin^2\alpha}{\cos\sigma} \cdot v_\lambda.$

(4) $\begin{cases} \text{Für } \alpha = 0 \text{ ist } \lambda = 0 \text{ und } (v_\alpha)_0 = \cos\sigma \cdot (v_\lambda)_0 \\ \text{Für } \alpha = \dfrac{\pi}{2} \text{ ist } \lambda = \dfrac{\pi}{2} \text{ und } (v_\alpha)_{\frac{\pi}{2}} = \dfrac{1}{\cos\sigma} \cdot (v_\lambda)_{\frac{\pi}{2}}. \end{cases}$

(5) Daraus folgt: $\left(\dfrac{v_\alpha}{v_\lambda}\right)_{\substack{\alpha=0 \\ \lambda=0}} = \cos^2\sigma \cdot \left(\dfrac{v_\alpha}{v_\lambda}\right)_{\substack{\alpha=\frac{\pi}{2} \\ \lambda=\frac{\pi}{2}}}.$

Aus Gleichung (3) ist ersichtlich, daß die Geschwindigkeit der Rektaszensionsänderung der Sonne auch dann keine konstante wäre, wenn die Geschwindigkeit der Längenänderung (v_λ) eine konstante bliebe, d. h. wenn sich die Sonne in der Ekliptik selbst, mit konstanter Geschwindigkeit weiterbewegen würde.

Nach Gleichung (3) ist vielmehr die Geschwindigkeit der Rektaszensionsänderung der Sonne eine Funktion des Sonnenortes in der Ekliptik und aus diesem Grunde die Sonne selbst zur unmittelbaren Zeitmessung nicht geeignet.

Um diesem Übelstande abzuhelfen, führt man an Stelle der wahren Sonne die sogenannte mittlere Sonne ein, welche lediglich eine fingierte Sonne von nachstehenden Eigenschaften ist:

a) Die mittlere Sonne bewegt sich mit konstanter Geschwindigkeit längs des Himmelsäquators, während die wahre Sonne mit variabler Geschwindigkeit die Ekliptik durchläuft.

b) Die mittlere Sonne vollendet einen Umlauf um den Himmelsäquator in genau demselben Zeitintervalle, in dem die wahre Sonne einen Umlauf der Ekliptik vollendet.

c) Die mittlere Sonne und die wahre Sonne gehen in demselben absoluten Zeitmomente durch den Frühlingspunkt (Υ).

§ 7. Zeit und Zeitumwandlung

Die so definierte mittlere Sonne ist zur Zeitmessung vollkommen geeignet.

Der Zeitraum zwischen zwei unmittelbar aufeinanderfolgenden oberen Kulminationen der mittleren Sonne heißt ein „mittlerer Sonnentag" oder kürzer „ein mittlerer Tag".

Der Stundenwinkel der mittleren Sonne heißt „die mittlere Ortszeit".

Im folgenden soll dieselbe immer mit M bezeichnet werden.

Es ist also „mittlere Ortszeit":

$$M = 0^h, \; 1^h, \; 2^h, \cdots,$$

wenn der Stundenwinkel der mittleren Sonne:

$$t_M = 0^0, \; 15^0, \; 30^0, \cdots.$$

Definition: *Der Unterschied zwischen dem Stundenwinkel t_M der mittleren Sonne und dem Stundenwinkel $t_\odot$ der wahren Sonne heißt „Zeitgleichung".*

Bezeichnet man die letztere mit dem Buchstaben ζ, so ist sie durch die Gleichung:

(6) $$\zeta = t_M - t_\odot$$

definiert. — Umgekehrt folgt aus (6) die Relation:

(7) $$t_M = t_\odot + \zeta,$$

oder in Worten: *Mittlere Zeit = Wahre Zeit + Zeitgleichung.*

Der Zeitraum zwischen zwei unmittelbar aufeinanderfolgenden Durchgängen der wahren Sonne (und folglich auch der mittleren Sonne) durch den Frühlingspunkt (Υ) heißt ein tropisches Jahr und ist erfahrungsgemäß gleich 366·2422 Sternlagen.

Während des tropischen Jahres macht die Sonne genau eine Umdrehung weniger als irgendein beliebiger Fixstern, also auch eine Umdrehung weniger als der Frühlingspunkt.

Daher die Beziehung:

1 *Trop. Jahr* = 365·2422 *wahre Sonnentage.*

Die Richtigkeit dieser Behauptung erkennt man aus Figur 9, in der wie bisher mit PP' die Weltachse, $\widehat{QQ'}$ der Himmelsäquator und $\widehat{EE'}$ die Ekliptik bezeichnet wurde.

Die Sonne $\odot$ fällt zu Beginn des tropischen Jahres mit dem Frühlingspunkte (Υ) zusammen, und es ist in einem solchen Augenblicke die Stundenwinkeldifferenz zwischen Frühlingspunkt und Sonne gleich Null.

Sodann schreitet die Sonne allmählich auf der Ekliptik in der Pfeilrichtung vorwärts und zeigt gegenüber dem Frühlingspunkte ♈ eine stetig wachsende Stundenwinkeldifferenz

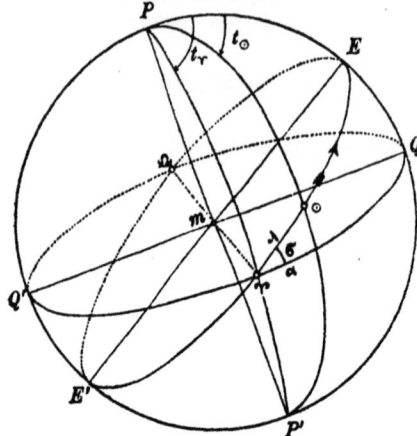

Fig. 9.

$$\Delta t = t_\gamma - t_\odot,$$

welche nach Ablauf eines tropischen Jahres genau 360^0 erreicht. — Damit ist obige Behauptung erwiesen.

Drückt man das tropische Jahr durch mittlere Tage aus, deren Anzahl im tropischen Jahre gleich ist der Anzahl der wahren Sonnentage, deren konstante Länge aber gleich ist dem arithmetischen Mittel aus den veränderlichen Längen der wahren Sonnentage, so kommt:

(8) $\begin{cases} \text{1 Trop. Jahr} = 365{\cdot}2422 \text{ mittlere Sonnentage.} \\ \text{Nach obigem Satze ist aber:} \\ \text{1 Trop. Jahr} = 366{\cdot}2422 \text{ Sterntage.} \end{cases}$

Mithin findet man durch Gleichsetzung dieser Ausdrücke die Relation:

(9) $\begin{cases} \text{1 Trop. Jahr} = 366{\cdot}2422 \text{ Sterntage} = 365{\cdot}2422 \text{ mittlere Sonnentage.} \end{cases}$

Daraus folgt:

(10) $\begin{cases} \text{1 Sterntag} = \dfrac{365{\cdot}2422}{366{\cdot}2422} \text{ mittlere Sonnentage} \\ \qquad = 0{\cdot}99726956 \text{ mittlere Sonnentage.} \end{cases}$

(11) $\begin{cases} \text{1 mittlerer Tag} = \dfrac{366{\cdot}2422}{365{\cdot}2422} \text{ Sterntage} \\ \qquad = 1{\cdot}00273791 \text{ Sterntage.} \end{cases}$

Die durch (10) und (11) definierten Zahlen $0{\cdot}99726956$ bzw. $1{\cdot}00273791$ sind die Verwandlungsfaktoren, mit deren Hilfe man Sternzeitintervalle in mittlerer Zeit, bzw. mittlere Zeitintervalle in Sternzeit ausdrücken kann.

§ 7. Zeit und Zeitumwandlung

So ist z. B.:

1 Sterntag $= 24^h$ Sternzeit $= 24^h \cdot 0{\cdot}99726956$ mittlere Zeit
$\qquad = 23^h 56^m 4{\cdot}09^s$ mittlere Zeit,

1 mittlerer Tag $= 24^h$ mittlere Zeit $= 24^h \cdot 1{\cdot}00273791$ Sternzeit
$\qquad = 24^h 3^m 56{\cdot}56^s$ Sternzeit usf.

Zu bemerken ist noch, daß die Zeitgleichung ζ in den Ephemeriden der astronomischen Jahrbücher für den mittleren Mittag der einzelnen Tage angegeben ist, und daß man aus diesen Angaben die Zeitgleichung für einen beliebigen Augenblick am einfachsten durch geradlinige Interpolation (Proportionalteilung) ermittelt:

Dabei versteht man unter dem mittleren Mittag eines Ortes jenen absoluten Augenblick, in dem an dem betreffenden Tage die mittlere Sonne den Meridian dieses Ortes passiert.

So entnimmt man z. B. dem astronomischen Berliner Jahrbuche vom Jahre 1917 folgende Daten:

Monat	Datum	Tag	Zeitgleichung im mittleren Mittag
März	17.	Freitag	$+ 8^m 31{\cdot}05^s$
	18.	Samstag	$8^m 13{\cdot}45^s$
	19.	Sonntag	$7^m 55{\cdot}67^s$
	20.	Montag	$7^m 37{\cdot}74^s$
	21.	Dienstag	$7^m 19{\cdot}67^s$
	⋮	⋮	⋮

Will man etwa mit diesen Tafeln die Zeitgleichung ζ berechnen, die dem absoluten Zeitmomente:

$\qquad$ 18. März 1917, $7^h 50^m 00^s$ mittlerer Zeit (Berlin)

entspricht, dann hat man folgendermaßen vorzugehen:

Zeitgleichung im mittleren Berliner Mittag am

$\qquad$ 18. März 1917 $= + 8^m 13{\cdot}45^s$,
$\qquad$ 19. März 1917 $= + 7^m 55{\cdot}67^s$.

Änderung der Zeitvergleichung

$\qquad$ pro $24^h = - 0^m 17{\cdot}78^s$,
$\qquad$ pro $1^h = - 0^m 0{\cdot}741^s$,
$\qquad$ pro $1^m = - 0^m 0{\cdot}012^s$.

Somit: Änderung der Zeitgleichung pro

$$7^h 50^m = (-0{\cdot}741^s) \cdot 7 - (0{\cdot}012^s) \cdot 50 = - 5{\cdot}787^s.$$

Damit erhält man für die Zeitgleichung am 18. März 1917, $7^h 50^m$ mittlere Berliner Zeit, den Wert:

$$\zeta = + 8^m 13{\cdot}45^s - 5{\cdot}787^s = + 8^m 7{\cdot}66^s.$$

Zeitumwandlungen. Unter der Annahme, daß der geographische Längenunterschied $\Delta\lambda$ zwischen zwei Orten A und B dem absoluten Betrage nach bekannt sei, handelt es sich um die Lösung nachstehender vier Aufgaben:

I. Man bestimme die einem absoluten Zeitmomente T entsprechende Ortssternzeit im Orte A, wenn die demselben Zeitpunkte entsprechende Ortssternzeit von B gegeben ist.

II. Man bestimme die einem absoluten Zeitpunkte T entsprechende mittlere Ortszeit von A, wenn die demselben Zeitpunkte zugeordnete mittlere Ortszeit von B gegeben vorliegt.

III. Man berechne die dem absoluten Zeitpunkte T entsprechende Ortssternzeit in A aus der diesem Zeitpunkte entsprechenden mittleren Ortszeit von A und der Sternzeit im mittleren Mittage des Ortes B.

IV. Man berechne die dem absoluten Zeitpunkte T entsprechende mittlere Ortszeit von A aus der diesem Zeitpunkte entsprechenden Ortssternzeit von A und der Sternzeit im mittleren Mittage von B.

Sub I. Dem absoluten Zeitpunkte T entspreche:

in B die gegebene Ortssternzeit S_B,

in A die gesuchte Ortssternzeit S_A.

Der bekannte geographische Längenunterschied zwischen den Orten A und B sei $\Delta\lambda$.

Liegt A östlich von B, so wird der Stundenwinkel des Frühlingspunktes (Υ) für den absoluten Zeitpunkt T im Orte A um den Winkel $\Delta\lambda$ größer sein als im Orte B.

Da aber der Stundenwinkel des Frühlingspunktes die Sternzeit definiert, so hat man: $\quad S_A = S_B + \Delta\lambda$.

Liegt A westlich von B, dann findet man auf Grund einer analogen Überlegung die Beziehung:

$$S_A = S_B - \Delta\lambda.$$

Zusammenfassend ist also

(12) $\quad S_A = S_B \pm \Delta\lambda$, je nachdem $A \begin{Bmatrix} \text{östlich} \\ \text{westlich} \end{Bmatrix}$ von B liegt.

Sub II. Ganz analoge Verhältnisse wie für die Sternzeit, bzw. für den Stundenwinkel des Frühlingspunktes, bestehen auch für die mittlere Zeit, bzw. für den Stundenwinkel der mittleren Sonne.

Entspricht also dem absoluten Zeitpunkte T

in A die mittlere Ortszeit M_A

in B die mittlere Ortszeit M_B,

so findet man als Analogon zu Gleichung (12) die Beziehung:

§ 7. Zeit und Zeitumwandlung

Es ist

(13) $M_A = M_B \pm \Delta\lambda$, je nachdem $A \begin{pmatrix} \text{östlich} \\ \text{westlich} \end{pmatrix}$ von B liegt.

Sub III. *1. Fall:* A östlich von B, dem absoluten Zeitpunkte T entspreche
    in A die mittlere Ortszeit M_A
    in B die mittlere Ortszeit $M_B = M_A - \Delta\lambda$.

Das seit dem mittleren Mittag von B verstrichene Sternzeitintervall ist: $J = M_B \cdot 1{\cdot}00273791$.

Bezeichnet man die Sternzeit im mittleren Mittage von B mit S_B^0, so wird die dem absoluten Zeitmomente T zugeordnete Ortssternzeit von B: $S_B = S_B^0 + J = S_B^0 + (M_A - \Delta\lambda) \cdot 1{\cdot}00273791$

und die zugeordnete Ortssternzeit von A:

(14) $\quad S_A = S_B + \Delta\lambda$
$\quad\quad\quad = S_B^0 + M_A \cdot 1{\cdot}00273791 - \Delta\lambda \cdot 0{\cdot}00273791.$

2. Fall: A westlich von B. Unter Einhaltung derselben Bezeichnungsweise erhält man der Reihe nach die Gleichungen:

$\quad J = M_B \cdot 1{\cdot}00273791 = (M_A + \Delta\lambda) \cdot 1{\cdot}00273791$

$\quad S_B = S_B^0 + J = S_B^0 + (M_A + \Delta\lambda) \cdot 1{\cdot}00273791$

(15) $\quad S_A = S_B - \Delta\lambda$
$\quad\quad\quad = S_B^0 + M_A \cdot 1{\cdot}00273791 + \Delta\lambda \cdot 0{\cdot}00273791.$

Zusammenfassend erhält man aus (14) und (15) folgendes Resultat:

Die dem absoluten Zeitpunkte T zugeordnete Ortssternzeit von A hat den Wert:

(16) $\quad S_A = S_B^0 + M_A \cdot 1{\cdot}00273791 \mp \Delta\lambda \cdot 0{\cdot}00273791,$

wobei das Zeichen ($\mp$) gilt, je nachdem der Ort $A \begin{pmatrix} \text{östlich} \\ \text{westlich} \end{pmatrix}$ vom Orte B liegt.

In dem besonderen Falle, wo die Orte A und B am selben Meridiane liegen oder gar in einem Punkte zusammenfallen, hat man in (16) einfach $\Delta\lambda = 0$ zu setzen und erhält

(17) $\quad S_A = S_B^0 + M_A \cdot 1{\cdot}00273791 = S_A^0 + M_A \cdot 1{\cdot}00273791.$

Sub IV. Dem absoluten Zeitpunkte T entspreche
    im Orte A die gegebene Ortssternzeit S_A.

Somit im Orte B die Ortssternzeit $\quad S_B = S_A \mp \Delta\lambda$,

wobei das Zeichen ($\mp$) gilt, je nachdem $A \begin{pmatrix} \text{östlich} \\ \text{westlich} \end{pmatrix}$ von B liegt.

Das seit dem mittleren Mittage von B verstrichene Zeitintervall ist:
$$J = S_B - S_B^0 = (S_A \mp \varDelta\lambda) - S_B^0.$$

Mithin wird die dem absoluten Zeitpunkte T zugeordnete mittlere Zeit von B:
$$M_B = J \cdot 0{\cdot}99726956,$$

also die mittlere Zeit von A:

$M_A = M_B \pm \varDelta\lambda$, je nachdem $A \begin{pmatrix}\text{östlich}\\ \text{westlich}\end{pmatrix}$ von B liegt.

Setzt man die vorangehenden Ausdrücke in die letzte Gleichung ein, so kommt:
$$M_A = [(S_A \mp \varDelta\lambda) - S_B^0] \cdot 0{\cdot}99726956 \pm \varDelta\lambda$$
$$= (S_A - S_B^0) \cdot 0{\cdot}99762956 \pm \varDelta\lambda \cdot \underbrace{(1 - 0{\cdot}99726956)}_{0{\cdot}00273044}.$$

Mithin erhält man endgültig:

Die dem absoluten Zeitpunkte T entsprechende mittlere Ortszeit von A hat den Wert:

(18) $$M_A = (S_A - S_B^0) \cdot 0.99762956 \pm \varDelta\lambda \cdot 0{\cdot}00273044,$$

wobei rechterhand das Zeichen ($\pm$) gilt, je nachdem der Ort $A \begin{pmatrix}\text{östlich}\\ \text{westlich}\end{pmatrix}$ vom Orte B liegt.

In dem besonderen Falle, wo A und B am selben Meridiane liegen oder gar in einem Punkte zusammenfallen, hat man
$$\varDelta\lambda = 0 \quad \text{und} \quad S_B^0 = S_A^0$$

zu setzen, womit man erhält:

(19) $$M_A = (S_A - S_B^0) \cdot 0{\cdot}99762956$$
$$= (S_A - S_A^0) \cdot 0{\cdot}99762956.$$

§ 8. Bemerkungen über Uhren. Zur Zeitbestimmung werden zweierlei Arten von Uhren verwendet:

I. Pendeluhren.
II. Federuhren (Chronometer).

Bei den ersteren wird der Antrieb durch ein Gewicht, bei den letzteren durch eine Feder bewirkt.

Zweifellos gebührt, was Genauigkeit und Gleichmäßigkeit des Ganges anbelangt, den Pendeluhren der Vorzug.

Nichtsdestoweniger benützt man bei nicht rein astronomischen Arbeiten mit Vorliebe die leicht transportablen Chronometer.

Die Uhren gehen entweder nach mittlerer Zeit oder nach Sternzeit.

Infolge kleiner Konstruktionsfehler, ferner infolge Erschütterungen, Temperaturschwankungen usw. stimmen die Angaben der

§ 8. Bemerkungen über Uhren.

Uhren fast niemals mit den richtigen astronomischen Zeiten überein, sondern sind bald größer, bald kleiner wie jene.

Definition: *Die Korrektion σ, die zu einer Uhrablesung u hinzugefügt werden muß, um die richtige astronomische Zeit zu erhalten, nennt man „die Standkorrektion" oder kurzweg „den Stand" der Uhr.*

Die Definitionsgleichung der Standkorrektion lautet demnach:

(1) **Richtige astronomische Zeit $= u + \sigma$.**

Mithin wird

(2) $\sigma \gtreqless 0$, je nachdem ... richtige astronom. Zeit $\gtreqless u$;

d. h.: *Eine zu spät gehende Uhr hat eine positive, eine vorausgehende Uhr eine negative Standkorrektion.*

Definition. *Die Änderung im Stande einer Uhr innerhalb eines gewissen Zeitintervalles nennt man den diesem Zeitintervalle entsprechenden Gang der Uhr.*

Dementsprechend verzeichnet man einen wöchentlichen, täglichen, stündlichen Gang einer Uhr usw.

Sind
$$u_1 \text{ und } u_2$$
zwei aufeinanderfolgende Uhrablsesungen,
$$\sigma_1 \text{ und } \sigma_2$$
die zugeordneten Standkorrektionen, dann wird der Gang der Uhr für das Zeitintervall $(u_2 - u_1)$ durch folgende Gleichung definiert:

$$\text{Gang} = g = \frac{\sigma_2 - \sigma_1}{u_2 - u_1},$$

und zwar ist dies der stündliche Gang, wenn $(u_2 - u_1)$ in Stunden ausgedrückt wird.

Da $(u_2 - u_1) > 0$ sein muß, so wird

$$g \gtreqless 0, \text{ je nachdem } \sigma_2 \gtreqless \sigma_1 \text{ ist.}$$

D. h.: *Der Gang einer Uhr ist positiv oder voreilend, wenn sich die Standkorrektion algebraisch vergrößert, oder anders gesprochen, wenn eine bereits vorhandene positive Standkorrektion wächst, bzw. eine bereits vorhandene negative Standkorrektion dem absoluten Betrage nach abnimmt.*

Der Gang einer Uhr ist nacheilend oder negativ, wenn sich die Standkorrektion algebraisch verkleinert, wenn also eine bereits vorhandene positive Standkorrektion abnimmt, bzw. eine bereits vorhandene negative Standkorrektion dem absoluten Betrage nach zunimmt.

II. Die an astronomischen Beobachtungen anzubringenden Korrektionen.

§ 9. Das Korrektionsglied der Horizontalkreisablesung wegen Kippachsenfehler.

Ist die Kippachse des Theodolits nach ordnungsmäßiger, gebrauchsfertiger Aufstellung, gegen den Horizont unter einem kleinen Winkel i geneigt, dann nennt man diesen Winkel den Kippachsenfehler des Instrumentes.

Der Einfluß dieses Fehlers auf die Horizontalkreisablesung ist nach Figur 10 leicht zu ermitteln.

Es sei O der sogenannte Instrumentenmittelpunkt, d. h. der Schnittpunkt von Ziel-, Kipp- und Stehachse des Theodolits,

G das anvisierte Gestirn,

$Y_0 Y_0'$ die theoretisch fehlerfreie horizontale Lage der Kippachse,

$Y Y'$ die tatsächliche gegen den Horizont geneigte Lage der Kippachse,

i der Kippachsenfehler,

$Y_0 a Y_0'$ der durch den Instrumentenmittelpunkt gelegte, parallel zu sich selbst verschobene Horizontalkreis.

Wäre kein Kippachsenfehler vorhanden, dann müßte die Zielachse beim Kippen die Ebene AGB beschreiben, und es wäre a die fehlerfreie, der Visur auf G entsprechende Horizontalkreisablesung.

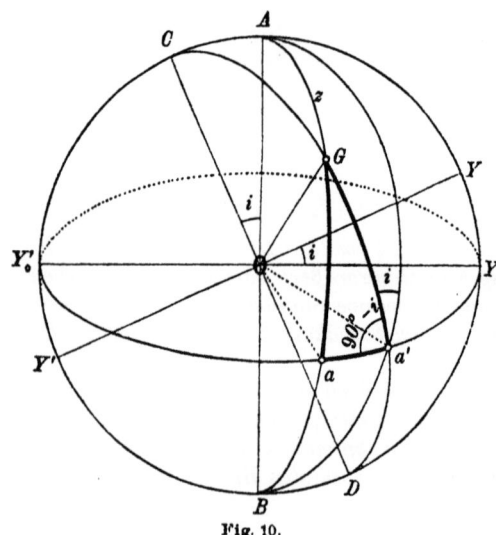

Fig. 10.

Infolge des angenommenen Kippachsenfehlers i jedoch muß dem Theodolit durch Drehung um seine vertikale Stehachse eine derartige Lage erteilt werden, daß die zur Kippachse normale Kippebene mit der Ebene CGD zusammenfällt.

Dann erhält man aber die falsche Horizontalkreisablesung a' als Beobachtungsresultat.

§ 9. Das Korrektionsglied wegen Kippachsenfehler

Aus dem rechtwinkeligen sphärischen Dreiecke (aGa'), dessen rechter Winkel bei a liegt, erhält man:

$$\cos[90 - (a - a')] = \cotg z \cdot \cotg(90 - i) = \cotg z \cdot \tg i$$

(1) $$\sin(a - a') = \frac{\tg i}{\tg z},$$

(2) oder genähert: $\quad a - a' \doteq \dfrac{i}{\tg z}.$

Man nennt den Ausdruck $\dfrac{i}{\tg z} = V_i$ *das Korrektionsglied wegen Kippachsenfehler und hat in demselben* $i \gtreqless 0$ *einzuführen, jenachdem, vom Beobachter am Okulare aus betrachtet, das* $\binom{linke}{rechte}$ *Ende der Kippachse O höher liegt.*

Die fehlerfreie Horizontalkreisablesung lautet:

(3) $$a = a' + V_i = a' + \frac{i}{\tg z}.$$

Speziell für $z = 90°$ ist

$$(V_i)_{z=90} = \frac{i}{\tg 90°} = \frac{i}{\infty} = 0;$$

d. h.: *Bei horizontalen Visuren ist der Einfluß des Kippachsenfehlers i auf die Horizontalkreisablesung gleich Null,*

Mithin erhält man für horizontale Visuren, auch bei Vorhandensein eines Kippachsenfehlers, stets die theoretisch fehlerfreien Horizontalkreisablesungen.

Nun ist bei Vorhandensein eines Kippachsenfehlers i eine Visur nach dem Zenit unmöglich; vielmehr wird die steilste mögliche Visur die Zenitdistanz $z = i$ aufweisen.

Für diese steilste Visur ist nach (1)

$$\sin(a - a') = \frac{\tg i}{\tg i} = 1,$$
$$a - a' = 90°,$$

d. h.: *der durch Kippachsenfehler hervorgerufene Ablesefehler am Horizontalkreise kann in seinem Maximalbetrage 90° erreichen.*

Daraus erkennt man die Gefährlichkeit des Kippachsenfehlers bei steilen Visuren und die Notwendigkeit seiner rechnungsmäßigen Berücksichtigung nach Gleichung (3).

Zur Berechnung der Korrektion $V_i = \dfrac{i}{\tg z}$ muß der Kippachsenfehler i selbst nach Größe und Vorzeichen bekannt sein.

Die Bestimmung von i erfolgt durch ein sogenanntes Achsennivellement mit einer Kippachsenreiterlibelle; die hierbei auftretenden Formeln sind verschieden, je nachdem die Libelle durchlaufende aber abgesetzte Teilung besitzt.

30 II. Die an astronom. Beobachtungen anzubringenden Korrektionen

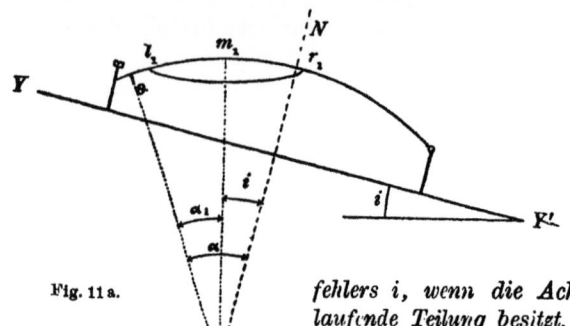

Fig. 11a.

Daher mögen in den nachstehenden Zeilen diese beiden Fälle gesondert betrachtet werden:

Bestimmung des Kippachsenfehlers i, wenn die Achsenlibelle durchlaufende Teilung besitzt.

In Figur 11a sei: YY' die Kippachse, i der Kippachsenfehler, wobei hier $i > 0$ ist, da das linke Achsenende höher ist.

Setzt man nun die Achsenreiterlibelle in der ersten Lage (Nullpunkt der Libellenteilung links) auf die Kippachse und bedeutet

m_1 die Ablesung für den Blasenmittelpunkt,
l_1 die Ablesung am linken Blasenrande,
r_1 die Ablesung am rechten Blasenrande,
θ den Nullpunkt der Libellenteilung,
O den Krümmungsmittelpunkt des Libellenschliffes,
$\overline{ON} \perp YY'$ die vom Krümmungsmittelpunkt auf die Kippachse YY' gefällte Normale,
τ'' den Winkelwert eines Libellen-Skalenteiles,

(4) dann wird $\alpha_1 = \tau'' \cdot m_1 = \tau'' \cdot \dfrac{l_1 + r_1}{2} = \alpha - i.$

Wird nun die Libelle umgesetzt, so daß der Nullpunkt der Teilung rechts vom Beobachter am Okulare zu liegen kommt, dann ergeben sich die in Figur 11b dargestellten Verhältnisse; und es wird:

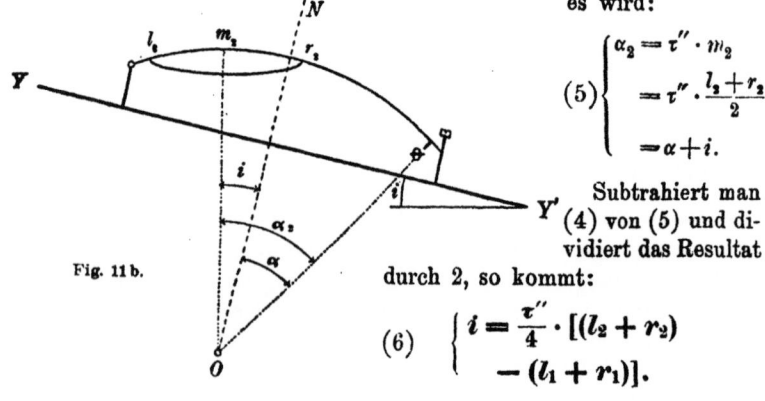

Fig. 11b.

$$(5) \begin{cases} \alpha_2 = \tau'' \cdot m_2 \\ = \tau'' \cdot \dfrac{l_2 + r_2}{2} \\ = \alpha + i. \end{cases}$$

Subtrahiert man (4) von (5) und dividiert das Resultat durch 2, so kommt:

$$(6) \quad \begin{cases} i = \dfrac{\tau''}{4} \cdot [(l_2 + r_2) \\ - (l_1 + r_1)]. \end{cases}$$

§ 10. Das Korrektionsglied wegen Kollimationsfehler

Durch diese Formel wird der Kippachsenfehler i nach Größe und Vorzeichen bestimmt.

Bestimmung des Kippachsenfehlers i, wenn die Achsenlibelle abgesetzte Teilung hat.

In Figur 12 a ist

M_1 die Mittelmarke der Libelle mit abgesetzter Teilung in der I. Lage der Libelle,

ON das Libellenlot, das normal steht zur Kippachse YY',

f der Indexfehler der Libelle,

$m_1 M_1$ der Libellenausschlag, dem der Winkel α_1 zugeordnet ist.

Die übrigen Buchstaben haben dieselbe Bedeutung wie im vorhergehenden Falle.

Ist wieder τ'' der Winkelwert eines Libellenskalenteiles, so wird

(7) $$\alpha_1 = \tau'' \cdot m_1 = \tau'' \cdot \frac{l_1 - r_1}{2} = i + f.$$

Fig. 12 a.

Wird nun die Libelle umgesetzt, dann ergeben sich die in Figur 12 b dargestellten Verhältnisse und man erhält:

(8) $$\alpha_2 = \tau'' \cdot m_2 = \tau'' \cdot \frac{l_2 - r_2}{2} = i - f.$$

Wird (8) und (7) addiert und das Resultat durch 2 dividiert, so kommt:

(9) $$i = \frac{\tau''}{4} \cdot [(l_1 - r_1) + (l_2 - r_2)].$$

Auch diese Formel definiert den Kippachsenfehler i nach Größe und Vorzeichen.

§ 10. **Das Korrektionsglied der Horizontalkreisablesung wegen Kollimationsfehler.** Definition: *Steht die Zielachse des Theodolits, welche durch den optischen Mittelpunkt des Objektives und den Fadenkreuzungspunkt bestimmt ist, nicht*

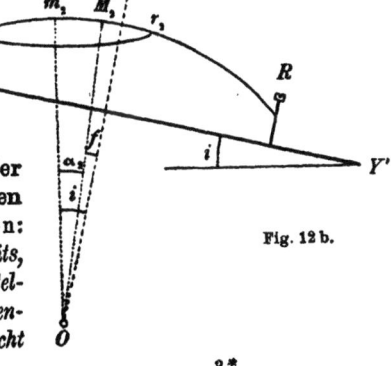

Fig. 12 b.

32 II. Die an astronom. Beobachtungen anzubringenden Korrektionen

vollkommen normal auf der Kippachse des Theodolits, dann nennt man die diesbezügliche Abweichung den Kollimationsfehler.

In Figur 13 sei:

O der Instrumentenmittelpunkt, also der Schnittpunkt von Stehachse, Kippachse und Zielachse,

YY' die Kippachse des Theodolits,

AB die Stehachse des Theodolits,

$Y'aY$ der durch den Instrumentenmittelpunkt gelegt gedachte Horizontalkreis,

G das anvisierte Gestirn,

OG die tatsächliche, auf das Gestirn eingestellte Zielachse,

OX die ideale, fehlerfreie zu $\overline{YY'}$ normale Zielachse,

c der Kollimationsfehler,

a' die falsche, vom Kollimationsfehler beeinflußte Horizontalkreisablesung,

a die theoretisch fehlerfreie Horizontalkreisablesung.

Es ist ohne weiteres einleuchtend, daß für die gezeichnete Stellung des Instrumentes, in welcher die mit Kollimationsfehler behaftete Zielachse $\overline{OG}$ das Gestirn G trifft, die ideale Zielachse $\overline{OX}$ am Gestirne vorübergehen muß, und daß der Theodolit um den Winkel $(a-a')$ im Uhrzeigersinne verdreht werden müßte, um die ideale, fehlerfreie Zielachse OX auf das Gestirn einzustellen.

Ist also a' die falsche, durch Beobachtung sich ergebende Horizontalkreisablesung, so muß a die fehlerfreie Horizontalkreisablesung sein, die vom Einflusse des Kollimationsfehlers befreit ist.

Aus dem rechtwinkeligen sphärischen Dreiecke (AGX), dessen rechter Winkel bei X liegt, folgt:

$$\cos(90-c) = \sin z \cdot \sin(a-a')$$

(1) $$\sin(a-a') = \frac{\sin c}{\sin z}.$$

Durch diese Gleichung ist $(a-a')$ in aller Strenge definiert. Angenähert folgt aus (1)

(2) $$a-a' \doteq \frac{c}{\sin z},$$

(3) $$a = a' + \frac{c}{\sin z}.$$

(4) Der Ausdruck $$\frac{c}{\sin z} = V_c$$

heißt die Verbesserung oder das *Korrektionsglied der Horizontalablesung wegen Kollimationsfehler.*

§ 10. Das Korrektionsglied wegen Kollimationsfehler

Mit diesem ist nach (4) die *fehlerfreie Horizontalkreisablesung*

(5) $$a = a' + V_c.$$

Speziell für horizontale Visuren ist $z = 90°$, also nach (4)

$$V_c = c,$$

d. h.: *Für horizontale Visuren ist der durch Kollimationsfehler bedingte Fehler der Horizontalkreisablesung gleich dem Kollimationsfehler selbst.*

Bei richtig aufgestelltem Instrumente, also bei horizontaler Kippachse, ist bei Vorhandensein eines Kollimationsfehlers die Visur nach dem Zenit unmöglich. — Vielmehr wird der steilsten möglichen Visur die Zenitdistanz $z = c$ zugeordnet sein.

Für $z = c$ ist nach (1)

$$\sin (a - a') = 1,$$

also $a - a' = 90°;$

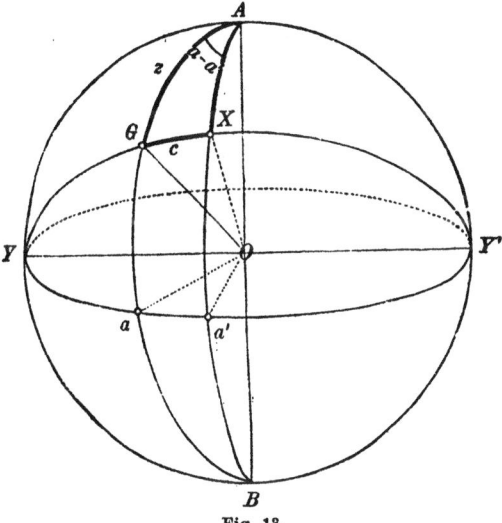

Fig. 13.

d. h.: *Für die steilste mögliche Visur, der eine Zenitdistanz $z = c$ entspricht, ist der durch Kollimationsfehler bedingte Fehler der Horizontalkreisablesung gleich $90°$.*

Bestimmung des Kollimationsfehlers c. Man visiert bei horizontaler Visur in „Kreislage links" einen möglichst fernen, im Instrumentalhorizonte gelegenen, markanten terrestrischen Fixpunkt an und bestimmt die entsprechende Horizontalkreisablesung a'_l, die als arithmetisches Mittel aus den zugeordneten Nonienablesungen gewonnen wird.

Aus dieser findet man nach (3) die fehlerfreie Horizontalkreisablesung

(6) $$a_l = a'_l + \frac{c_l}{\sin z} = (\text{da } z = 90°) = a'_l + c_l,$$

wenn mit c_l der Kollimationsfehler im „Kreis links" bezeichnet wird.

Sodann schlägt man das Fernrohr durch und stellt in „Kreislage rechts" abermals auf den gewählten Fixpunkt ein; die zugeordnete, durch Mittelbildung aus den Nonienablesungen zu bildende Horizontalkreisablesung sei a'_r.

34 II. Die an astronom. Beobachtungen anzubringenden Korrektionen

Beachtet man, daß beim Durchschlagen des Fernrohres der Kollimationsfehler lediglich sein Vorzeichen ändert, die Größe dagegen unverändert beibehält, so erkennt man, wenn der Kollimationsfehler im „Kreis rechts" mit c_r bezeichnet wird, daß

$$c_r = -c_l$$

ist. Mithin wird nach (3) die fehlerfreie Horizontalkreisablesung in „Kreis rechts":

(7) $\quad a_r = a_r' + \dfrac{c_r}{\sin z} = $ (da $z = 90^0$) $= a_r' + c_r = a_r' - c_l$.

Aus (6) und (7) folgt: $a_r - a_l = a_r' - a_l' - 2c_l$,

$$c_l = \frac{(a_r' - a_l') - (a_r - a_l)}{2}.$$

Beachtet man, daß $a_r = a_l \pm 180^0$ ist, je nachdem $a_l \lessgtr 180^0$ ist, so folgt:

(8) $\quad c_l = \dfrac{(a_r' \mp 180^0) - a_l'}{2}, \cdots (\mp)$, je nachdem $a_l \lessgtr 180^0$.

Durch Gleichung (8) ist der Kollimationsfehler c_l für „Kreis links" nach Größe und Vorzeichen bestimmt.

Es wurde schon bemerkt, daß beim Durchschlagen des Fernrohres der Kollimationsfehler lediglich sein Vorzeichen ändert, daß also $c_r = -c_l$ ist. Sind daher V_{c_l} und V_{c_r} die Korrektionsglieder wegen Kollimationsfehler in zwei verschiedenen Kreislagen, so wird

(9) $\quad \begin{cases} \qquad V_{c_l} = \dfrac{c_l}{\sin z_l}, \quad V_{c_r} = \dfrac{c_r}{\sin z_r}. \\ \text{Speziell für } z_l = z_r \text{ wird} \quad V_{c_l} = -V_{c_r}. \end{cases}$

Nun werde angenommen, ein und derselbe terrestrische Höhenfixpunkt sei in beiden Kreislagen anvisiert worden; die beobachteten Horizontalkreisablesungen seien a_l' bzw. a_r', die zugeordnete in beiden Kreislagen gleichbleibende Zeitdistanz sei z.

Dann wird die fehlerfreie Horizontalkreisablesung für „Kreis links":
$$a_l = a_l' + V_{c_l},$$
für „Kreis rechts": $\quad a_r = a_r' + V_{c_r} = a_r' - V_{c_l}$,

(10) $\quad$ daraus $\quad a_r + a_l = a_r' + a_l'$.

Beachtet man, daß $a_r = a_l \pm 180^0$, je nachdem $a_l \lessgtr 180^0$ ist, so folgt aus (10):
$$2 a_l \pm 180^0 = a_r' + a_l',$$

(11) $\quad\quad\quad a_l = \dfrac{(a_r' \mp 180^0) + a_l'}{2}.$

§ 11. Das Korrektionsglied wegen Gestirnradius

Satz: *Wird ein und dieselbe Richtung im Raum in beiden Kreislagen beobachtet, so gibt das nach* (10) *gebildete arithmetische Mittel aus den Ablesungen die fehlerfreie Horizontalkreisablesung für „Kreis links".*

§ 11. Das Korrektionsglied der Horizontalkreisablesung wegen Gestirnradius.

Die Fixsterne machen infolge ihrer kolossalen Entfernungen auch bei den stärksten Vergrößerungen den Eindruck punktförmiger Gebilde. — Dagegen erscheinen die Gestirne unseres engeren Weltsystemes, nämlich Sonne, Mond, Planeten und Trabanten als kreisförmige Scheiben von verschiedenen Radien.

Da nun mit wachsender Größe dieser Scheiben die schätzungsweise Einstellung auf den Gestirnmittelpunkt immer unsicherer wird, so pflegt man, namentlich bei Beobachtungen der Sonne und des Mondes nicht etwa die Gestirnmitte, sondern den Gestirnrand anzuzielen, und die zugeordnete Horizontalkreisablesung mit einer entsprechenden Korrektion wegen Gestirnradius zu versehen.

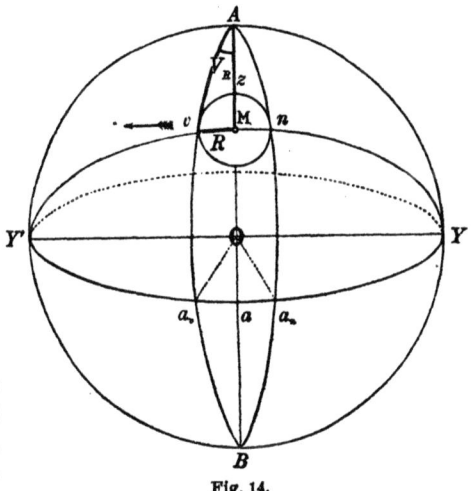

Fig. 14.

Diese Korrektion ist, wie gezeigt werden wird, eine Funktion der Zenitdistanz und kann unter Benützung der Figur 14 in nachstehender Weise berechnet werden:

Es sei M der Mittelpunkt des scheibenförmigen Gestirnes,

z dessen Zenitdistanz,

YY' die bis zu ihren Durchstoßpunkten mit der Himmelskugel verlängerte Kippachse,

O der Mittelpunkt des Instrumentes,

A der Zenit des Beobachtungsortes,

B der Nadir des Beobachtungsortes,

R der scheinbare Halbmesser des Gestirnes,

←• die Richtung der scheinbaren Bewegung des Gestirnes,

V_R die gesuchte Korrektion wegen Gestirnradius.

Würde man den Gestirnmittelpunkt M anvisieren, dann ergäbe sich bei a die zugeordnete Horizontalkreisablesung. Dagegen erhält man bei Anzielung des in der Bewegung vorangehenden Gestirnrandes v die Horizontalkreisablesung a_v, bzw. bei Anzielung des nachgehenden Gestirnrandes n, die Horizontalkreisablesung a_n.

Offenbar wird nach Figur 14

(α) $$a_v - a = a - a_n = V_R.$$

Aus dem rechtwinkeligen sphärischen Dreiecke (AvM), dessen rechter Winkel bei M liegt, folgt:

$$\cos(90 - z) = \operatorname{cotg}(90 - R)\operatorname{cotg} V_R$$

(1) $$\operatorname{tg} V_R = \frac{\operatorname{tg} R}{\sin z} \quad \text{(strenge Formel)}$$

(2) oder angenähert: $V_R \doteq \dfrac{R}{\sin z}$.

Der in den Formeln (1) und (2) rechterhand auftretende Gestirnradius wird den Ephemeriden entnommen, ist also eine bekannte Größe; die Zenitdistanz z wird mit hinreichender Genauigkeit durch direkte Beobachtung festgestellt.

Mithin ist nach (1) oder (2) das Korrektionsglied V_R ziffernmäßig berechenbar.

Je nachdem der vorangehende oder nachgehende Gestirnrand beobachtet wurde, findet man nach Gleichung (α) für die auf den Gestirnmittelpunkt reduzierte Horizontalkreisablesung den Ausdruck

(3) $$a = a_v - V_R = a_n + V_R.$$

§ 12. Zusammenfassung aller Korrektionen der Horizontalwinkelmessung.

Ist das zur Beobachtung eines Gestirnes verwendete Universalinstrument sowohl mit einem Kippachsenfehler i als auch mit einem Kollimationsfehler c behaftet, und wird überdies der Rand eines Gestirnes mit meßbarem Halbmesser R (Sonne, Mond usw.) angezielt, dann wird die Gesamtkorrektion $V_{a'}$ der zugeordneten Horizontalkreisablesung a' gleich der Summe der früher besprochenen Teilkorrektionen; d. h. es wird:

(1) $$V_{a'} = V_i + V_c \pm V_R = \frac{i}{\operatorname{tg} z} + \frac{c}{\sin z} \pm \frac{R}{\sin z}.$$

Dabei gilt rechterhand beim letzten Gliede das Zeichen $(\pm)$, je nachdem der $\begin{pmatrix}\text{nachgehende}\\\text{vorangehende}\end{pmatrix}$ Gestirnrand angezielt wurde.

Die fehlerfreie Horizontalkreisablesung, reduziert auf den Gestirnmittelpunkt, ist

(2) $$a = a' + V_{a'}.$$

Bemerkung. Speziell für punktförmige Gestirne (Fixsterne) hat man in (1) $R = 0$ zu setzen.

§ 12. Zusammenfassung. § 13. Theorie des Vertikalkreises

§ 13. Theorie des Vertikalkreises.

Der Vertikalkreis oder Höhenkreis dient zur Messung der Höhenwinkel oder Zenitdistanzen, welche die jeweilige Zielachsenrichtung des Universales im Raum bestimmt.

Der Vertikalkreis ist ein mit der Kippachse des Universales fest verbundener Teilkreis, dessen Ablesevorrichtungen (Nonien oder Mikroskope) im Raume fix bleiben, während er selbst an den Drehungen des Fernrohres um die Kippachse teilnimmt.

Die Bezifferung der Vertikalkreise ist sehr verschieden.

Speziell für astronomische Universale sind Vollkreisteilungen von $0°$ bis $360°$ üblich. — Je nach dem Sinne dieser Teilungen unterscheidet man:

A) Vertikalkreise mit Bezifferung entgegengesetzt dem Uhrzeigersinne.
B) Vertikalkreise mit Bezifferung im Uhrzeigersinne.

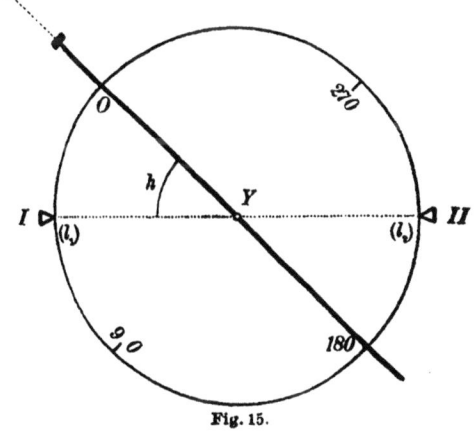

Fig. 15.

Die ersteren ergeben als unmittelbares Beobachtungsresultat die Höhenwinkel, die letzteren dagegen die Zenitdistanzen der Zielrichtungen des vorschriftsmäßig aufgestellten Universales.

Ist h eine gemessene Höhe, z die zugeordnete Zenitdistanz, dann wird der Zusammenhang zwischen diesen beiden Größen durch die bereits früher erwähnte Relation

(1) $$h + z = 90°$$ bestimmt.

Nunmehr sollen die beiden unter A) und B) angeführten Vertikalkreistypen gesondert betrachtet werden.

Sub A). *Vertikalkreise mit Bezifferung entgegengesetzt dem Uhrzeigersinne.*

Die Forderungen, welche ein fehlerfreier Vertikalkreis dieser Art erfüllen muß, lauten:

1. Die mathematische Kippachse (Y) muß durch den Mittelpunkt des Teilkreises hindurchgehen.

2. Die Verbindungslinie der Nullpunkte der diametralen Ablesevorrichtungen soll die Kippachse schneiden und im Raum genau horizontal sein.

3. Die Zielachse des Fernrohres soll die Kippachse schneiden, widrigenfalls „Exzentrizität der Visiervorrichtung" vorhanden ist

38 II. Die an astronom. Beobachtungen anzubringenden Korrektionen

4. Die Orthogonalprojektion der Zielachse auf die Ebene des Vertikalkreises soll durch den Nullpunkt der Kreisteilung hindurchgehen.

Sind diese Forderungen alle erfüllt, dann ist nach Figur 15 ohne weiteres klar, daß in „Kreis links" die am Nonius I erscheinende Ablesung $l_1 = h$ sein muß, wenn h den Höhenwinkel der durch Pfeilrichtung angedeuteten Zielachse bedeutet.

Am Nonius II erscheint die Ablesung:

$$l_2 = l_1 + 180^0 = h + 180^0.$$

Mithin wird

$$h = l_2 - 180^0.$$

Ergo ist auch

$$(2)\ h = \frac{l_1 + (l_2 - 180^0)}{2},$$

d. h.: *Bei fehlerfreiem Vertikalkreise liefert das nach* (2) *gebildete arithmetische Mittel aus den Nonienablesungen in „Kreis links" den fehlerfreien Höhenwinkel der Zielrichtung.*

Nunmehr werde angenommen, daß die Bedingungen (1) bis (4) sämtlich unerfüllt seien, wohl aber daß die Kippachse im Raume horizontal liege, und die Ebene des Vertikalkreises auf der Kippachse senkrecht stehe.

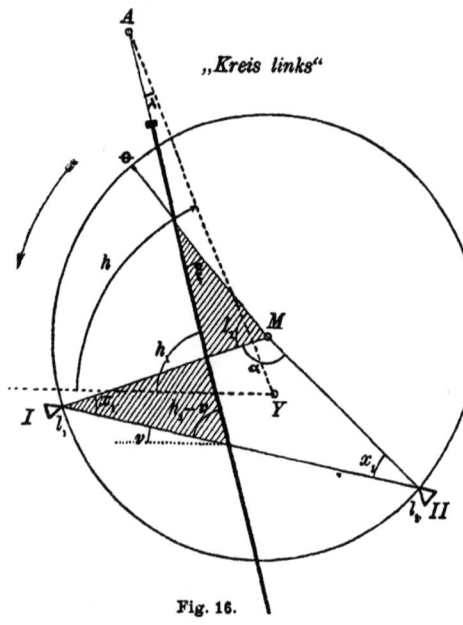

Fig. 16.

Die in „Kreis links" bzw. „Kreis rechts" auftretenden Verhältnisse sind in Figur 16 bzw. Figur 17 zur Darstellung gebracht.

Die in diesen Figuren auftretenden Buchstaben haben nachstehende Bedeutung:

A anvisierter Punkt,

Y Kippachse des Universales, bzw. Durchstoßpunkt der Kippachse mit der Ebene des Vertikalkreises,

h theoretisch fehlerfreier Höhenwinkel der Visur nach *A*, wenn kein Fehler vorhanden wäre.

M Mittelpunkt des Teilkreises,

I bzw. *II* Nullpunkte der in der Regel mit diesen Ziffern bezeichneten Ablesevorrichtungen (Nonien oder Mikroskope),

§ 13. Theorie des Vertikalkreises

θ Nullpunkt der Kreisteilung,

h_1 Höhenwinkel der Visierebene bei „Kreis links",

h_2 Höhenwinkel der Visierebene bei „Kreis rechts",

l_1 und l_2 Ablesungen an den diametralen Nonien (Mikroskopen) in „Kreis links",

r_1 und r_2 Ablesungen an den diametralen Nonien (Mikroskopen) in „Kreis rechts",

λ Exzentrizität der Visiervorrichtung.

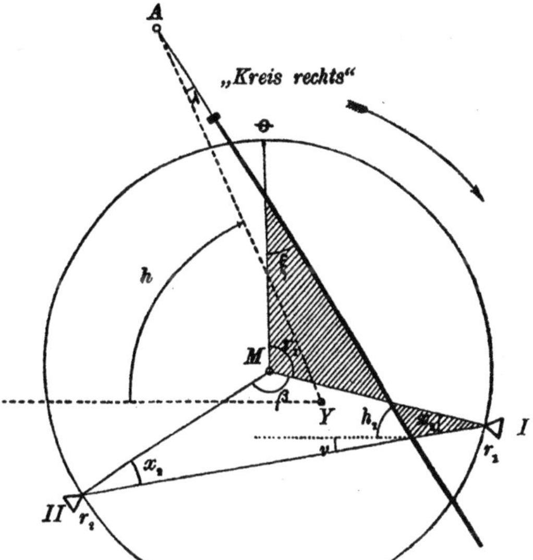

Für „Kreis links" vom Beobachter erhält man aus Figur 16

$$\alpha = l_2 - l_1.$$

Aus $\triangle (IMII)$ folgt

$$(3)\begin{cases} 2x_1 + \alpha = 180^0, \\ x_1 = \dfrac{180^0 - \alpha}{2} \\ = \dfrac{180^0 - (l_2 - l_1)}{2}. \end{cases}$$

Aus den schraffierten Scheiteldreiecken folgt:

Fig. 17.

$$(h_1 - \nu) + x_1 = l_1 + \xi,$$

$$h_1 = l_1 - x_1 + \xi + \nu \stackrel{(3)}{=} \dfrac{l_1 + (l_2 - 180^0)}{2} + \xi + \nu.$$

Da anderseits $h_1 = h + \lambda$, so wird

$$h = \dfrac{l_1 + (l_2 - 180^0)}{2} + \xi + \nu - \lambda.$$

Setzt man der Kürze wegen

$$(4) \quad \begin{cases} \dfrac{l_1 + (l_2 - 180^0)}{2} = h_l \quad \text{und} \quad \xi + \nu - \lambda = J, \\ \text{so wird} \quad h = h_l + J. \end{cases}$$

Für „Kreis rechts" vom Beobachter wird nach Figur 17

$$\beta = r_2 - r_1.$$

II. Die an astronom. Beobachtungen anzubringenden Korrektionen

Aus $\varDelta(IMII)$

(5) $\qquad 2x_2 = 180^0 - \beta, \quad x_2 = \dfrac{r_1 + (180^0 - r_2)}{2}.$

Aus den schraffierten Scheiteldreiecken ist

$$x_2 + [180^0 - (h_2 + \nu)] = r_1 + \xi,$$

$$h_2 = x_2 - r_1 + 180^0 - \nu - \xi \stackrel{(5)}{=} \dfrac{180^0 - r_2 - r_1}{2} + 180^0 - \nu - \xi.$$

Da andererseits $h_2 = h - \lambda$, so wird

$$h = \dfrac{(180^0 - r_2) - r_1}{2} + 180^0 - \nu - \xi + \lambda.$$

Setzt man der Kürze wegen

(6) $\quad\begin{cases} \dfrac{r_1 + (r_2 - 180^0)}{2} = h_r \quad \text{und} \quad \lambda - \nu - \xi = -J, \\ \text{so wird} \qquad h = (180^0 - h_r) - J. \end{cases}$

Aus (4) und (6) folgt:

(7) $\qquad h = \dfrac{h_l + (180^0 - h_r)}{2},$

d. h.: *Wird ein und derselbe Höhenwinkel in beiden Kreislagen beobachtet, so gibt das nach* (7) *gebildete arithmetische Mittel aus den Beobachtungswerten dessen fehlerfreien Betrag.*

Anderseits folgt aus (4) und (6) durch Subtraktion:

(8) $\qquad J = \dfrac{(180^0 - h_r) - h_l}{2}.$

Der durch (8) nach Größe und Vorzeichen definierte Wert J heißt „*Indexfehler des Vertikalkreises*".

Hat man nach (8) den Indexfehler J des Vertikalkreises ermittelt, dann kann man sich bei der Messung weiterer Höhenwinkel auf eine einzige Kreislage beschränken und den Indexfehler J rechnungsmäßig berücksichtigen. Sind nämlich h_l und h_r die Nonienmittel aus den Ablesungen in „Kreis links" bzw. in „Kreis rechts", dann wird nach (4) bzw. (6)

(9) $\qquad h = h_l + J = (180^0 - h_r) - J.$

Eine derartige rechnungsmäßige Berücksichtigung des Indexfehlers J ist bei geodätischen Arbeiten im allgemeinen nicht gebräuchlich; man pflegt vielmehr das mechanische Eliminationsverfahren zur Beseitigung des Indexfehlers vorzuziehen, d. h. in beiden Kreislagen zu messen und durch Mittelbildung aus den Beobachtungswerten nach Gleichung (7) den wahren Höhenwinkel zu ermitteln.

Voraussetzung für die Anwendbarkeit dieses Eliminationsverfahrens ist die relative Ruhe des Zielpunktes gegenüber dem Instru-

§ 13. Theorie des Vertikalkreises

mentenstandpunkte, also die Unveränderlichkeit des zu messenden Winkels.

Bei astronomischen Beobachtungen wird diese Voraussetzung illusorisch, weil infolge der scheinbaren Bewegung aller Weltkörper der Höhenwinkel jedes einzelnen Gestirnes eine Funktion der Zeit ist, deren Wert von Augenblick zu Augenblick variiert.

Ein bestimmter Höhenwinkel eines Gestirnes entspricht also nur einem ganz bestimmten Zeitmomente; und in dem Zeitintervalle, das zum Durchschlagen und neuerlichen Anzielen des Gestirnes erforderlich ist, tritt im allgemeinen eine merkliche Veränderung des Höhenwinkels ein, den die Zielrichtung nach dem Gestirne mit dem Horizonte einschließt.

Mithin kann bei astronomischen Arbeiten die mechanische Elimination des Indexfehlers keine Anwendung finden, und die rechnungsmäßige Berücksichtigung dieses Fehlers nach Gleichung (9) *wird zur unvermeidlichen Notwendigkeit.*

Definition. *Unter dem „Ort des Zenits" versteht man jene Ablesung am Vertikalkreise, der in „Kreis links" eine Visur nach dem Zenit entspricht.*

Bezeichnet man diese Ablesung mit O und beachtet man, daß einer Visur nach dem Zenit der Höhenwinkel $h = 90^0$ zugeordnet ist, so erhält man für den Ort des Zenits aus (4) die Bestimmungsgleichung:
$$90^0 = O + J,$$
somit Ort des Zenits:

(10) $$O = 90^0 - J \stackrel{(8)}{=} \frac{h_r + h_l}{2}.$$

Hat man einmal den „Ort des Zenits" nach Formel (10) bestimmt, dann kann man bei weiteren Beobachtungen in einer einzigen Kreislage arbeiten und diesen „Ort" rechnungsmäßig berücksichtigen.

So wird z. B. *für „Kreis links"* nach (4)

(11) $$\begin{cases} h = h_l + J \stackrel{(10)}{=} h_l + 90^0 - O, \\ \text{mithin} \quad z = 90 - h = O - h_l. \end{cases}$$

Analog wird *für „Kreis rechts"* nach (6)

(12) $$\begin{cases} h = 180^0 - h_r - J \stackrel{(10)}{=} 90^0 - h_r + O, \\ \text{mithin} \quad z = 90 - h = h_r - O. \end{cases}$$

Sub B). *Vertikalkreise mit Bezifferung im Uhrzeigersinne.*

Die Forderungen, denen ein fehlerfreier Vertikalkreis dieser Art genügen muß, lauten:

1. Die mathematische Kippachse des Theodolits soll durch den Mittelpunkt des Teilkreises gehen.

42 II. Die an astronom. Beobachtungen anzubringenden Korrektionen

2. Die Verbindungslinie der Nullpunkte der diametralen Ablesevorrichtungen soll die Kippachse schneiden und im Raume horizontal sein.

3. Die Zielachse des Fernrohres soll die Kippachse schneiden.

4. Der Nullpunkt des Teilkreises soll auf dem zur Zielachse normalen Durchmesser liegen.

Sind alle diese Forderungen erfüllt, dann wird nach Figur 18 in „Kreis links" am Nonius I die Ablesung

$$l_1 = z$$

erscheinen; am Nonius II kommt die Ablesung

$$l_2 = z + 180;$$

daher wird auch

(13) $\quad z = \dfrac{l_1 + (l_2 - 180°)}{2}$,

d. h.: *Bei fehlerfreiem Vertikalkreise mit Bezifferung im Uhrzeigersinne ist das nach* (13) *gebildete Nonienmittel in „Kreis links" gleich der fehlerfreien Zenitdistanz* z.

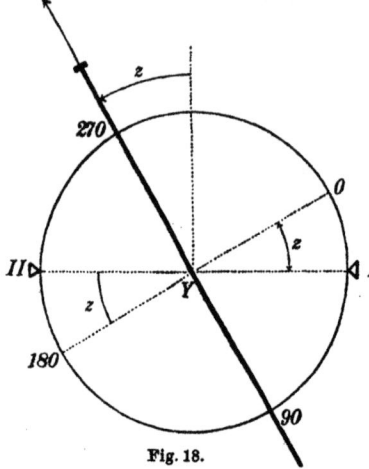

Fig. 18.

Nun werde angenommen, daß die Forderungen (1) bis (4) alle nicht erfüllt seien, wohl aber die Ebene des Vertikalkreises auf der im Raume genau horizontierten Kippachse senkrecht stehe; dann ergeben sich für „Kreis links" bzw. für „Kreis rechts" die in den Figuren 19 bzw. 20 dargestellten Verhältnisse.

Die Buchstaben, die in diesen Figuren auftreten, haben nachstehende Bedeutung:

A anvisierter Punkt,

y Kippachse des Universales bzw. Durchstoßpunkt der Kippachse mit der Ebene des Vertikalkreises,

z theoretisch fehlerfreie Zenitdistanz,

M Mittelpunkt des Teilkreises,

I und II Nullpunkte der diametralen Nonien oder Mikroskope,

θ Nullpunkt des Teilkreises,

N fehlerfreie Lage des Teilkreis-Nullpunktes, derart, daß $\overline{MN}$ normal zur Zielachse, also $MN \perp \overline{FA}$ ist.

z_1 Zenitdistanz der Zielrichtung in „Kreis links",

z_2 Zenitdistanz der Zielrichtung in „Kreis rechts",

§ 13. Theorie des Vertikalkreises

l_1 und l_2 Ablesungen an den diametralen Nonien in „Kreis links",
r_1 und r_2 Ablesungen an den diametralen Nonien in „Kreis rechts",
  λ Exzentrizität der Visiervorrichtung.

Der Sinn der Bezifferung für einen vor der Zeichenebene stehenden Beobachter ist in beiden Figuren durch Pfeilrichtungen angedeutet.

Unter den gemachten Voraussetzungen erhält man für „Kreis links" aus Figur 19 nachstehende Beziehungen:

Die Winkel um M ergeben

(14) $\qquad \xi + l_2 + \measuredangle (IIMN) = 360^0.$

Da $\overline{MN} \perp \overline{FA}$,

so wird $\quad \measuredangle (IIMN) = 90^0 + \gamma = 90^0 + (x_1 + \delta).$

Am Punkte S ist ersichtlich, daß

$$\delta = 90^0 + \nu - z_1,$$

also wird $\quad \measuredangle (IIMN) = 180^0 + x_1 + \nu - z_1.$

Also erhält man aus (14):

$$\xi + l_2 + 180^0 + x_1 + \nu - z_1 = 360^0,$$
$$z_1 = (x_1 + l_2 - 180^0) + \xi + \nu.$$

Nun ist noch aus $\varDelta(IMII)$ $180^0 - 2x_1 = l_2 - l_1,$

also $\qquad x_1 = \dfrac{180^0 - l_2 + l_1}{2}.$

Dies in die vorhergehende Gleichung eingesetzt gibt:

$$z_1 = \frac{l_1 + l_2 - 180^0}{2} + \xi + \nu.$$

Da nach Figur 19 ersichtlich, daß

$$z = z_1 + \lambda,$$

so kommt: $\quad z = \dfrac{l_1 + (l_2 - 180^0)}{2} + \xi + \nu + \lambda.$

Setzt man das Mittel aus den Nonienablesungen

(16) $\begin{cases} \dfrac{l_1 + (l_2 - 180^0)}{2} = z_l \quad \text{und} \quad \xi + \nu + \lambda = J, \\ \text{so wird} \qquad z = z_l + J. \end{cases}$

In analoger Weise liefert Figur 20 für „Kreis rechts" die Beziehungen:

Die Winkel um Punkt M ergeben:

$$\xi + r_1 + \measuredangle(IMN) = 360^0,$$
$$\measuredangle(IMN) = \sigma - x_2 = z_2 + \nu - x_2,$$

44 II. Die an astronom. Beobachtungen anzubringenden Korrektionen

also kommt: $\xi + r_1 + z_2 + \nu - x_2 = 360^0$,

(17) $\qquad z_2 = 360^0 + x_2 - r_1 - (\xi + \nu)$.

Da nach Dreieck $(I\,II\,M)$

$$180^0 - 2x_2 = 360^0 - (r_1 - r_2), \quad \text{also} \quad x_2 = \frac{r_1 - (r_2 + 180^0)}{2},$$

so kommt: $\quad z_2 = 360^0 - \frac{r_1 + (r_2 + 180^0)}{2} - (\xi + \nu)$.

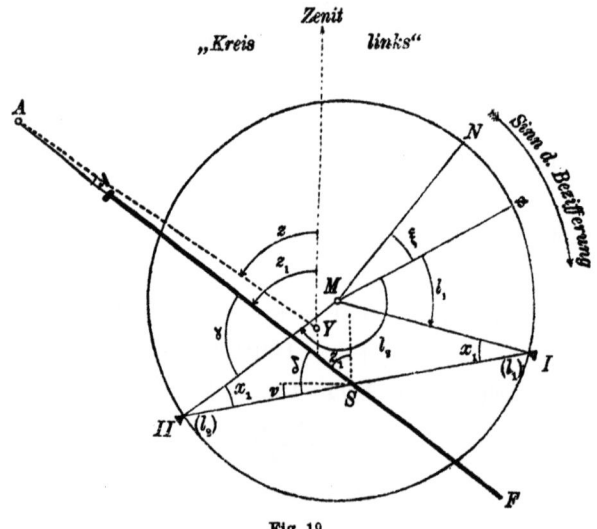

Fig. 19.

Da nach Figur 20 überdies $z = z_2 - \lambda$,

so wird: $\quad z = 360^0 - \frac{r_1 + (r_2 + 180^0)}{2} - (\xi + \nu + \lambda)$.

Setzt man jetzt das Nonienmittel aus den Ablesungen in „Kreis rechts":

(18) $\quad \begin{cases} \dfrac{r_1 + (r_2 + 180^0)}{2} = z_r, \\ \text{so wird:} \quad z = 360^0 - z_r - J. \end{cases}$

Wenn man (16) und (18) addiert und das Resultat durch 2 dividiert, so kommt:

(19) $\qquad z = \dfrac{z_l + (360^0 - z_r)}{2}$,

d. h.: *das nach Gleichung* (19) *gebildete arithmetische Mittel aus den Nonienmitteln z_l und z_r beider Kreislagen gibt die fehlerfreie Zenitdistanz.*

§ 14. Die Vertikalkreis-Versicherungslibelle

Die Subtraktion der Gleichungen (16) und (18) liefert den Indexfehler:

(20) $$J = \frac{(360^0 - z_r) - z_l}{2}.$$

Hat man den Indexfehler J nach (20) berechnet, so kann man ihn bei weiteren Zenitdistanzmessungen, die bloß in einer Kreislage durchgeführt werden, rechnungsmäßig wie folgt berücksichtigen:

(21) $$z = z_l + J = (360^0 - z_r) - J.$$

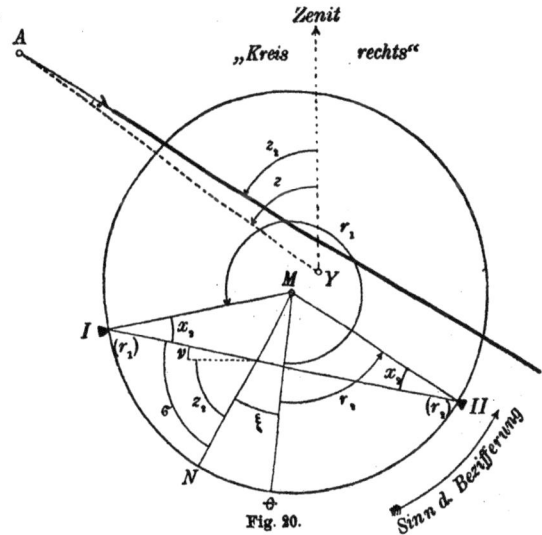

Fig. 20.

Als Ort des Zenits definiert man wieder jene Ablesung in „Kreis links", für welche die Visur nach dem Zenit gerichtet ist. Da für eine solche Visur $z = 0$ ist, so erhält man, wenn der Ort des Zenits mit O bezeichnet wird, nach (16) die Bestimmungsgleichung:

$$0 = O + J,$$

(22) also: $$O = -J \stackrel{(20)}{=} \frac{z_l - (360^0 - z_r)}{2}.$$

Will man an Stelle des Indexfehlers den Ort des Zenits als Rechnungsgröße einführen, dann hat man nach (21):

(23) $$z = z_l - O = (360^0 - z_r) + O.$$

§ 14. **Die Vertikalkreis-Versicherungslibelle.** Durch die Untersuchungen des vorhergehenden Paragraphen wurde nachgewiesen, daß der Indexfehler J und somit auch der Ort des Zenits für beide Arten der Vertikalkreisbezifferung lediglich eine Funktion der Winkel λ, ξ und ν ist.

Dabei ist ξ von Haus aus konstant, λ für einen bestimmten Zielpunkt in beiden Kreislagen konstant; ν dagegen in beiden Kreislagen für einen bestimmten Zielpunkt nur dann konstant, wenn die Stehachse des Universales im Raume vollkommen lotrecht ist.

Da diese letztere Voraussetzung im allgemeinen nicht zutrifft, da vielmehr anzunehmen ist, daß bei jeder auch der sorgfältigsten Aufstellung des Instrumentes, ein kleiner Stehachsenfehler zurückbleibt, so muß angenommen werden, daß auch der Winkel ν in beiden Kreislagen im allgemeinen verschieden ist.

Um nun trotz des Stehachsenfehlers den Winkel ν in beiden Kreislagen konstant zu halten, bedient man sich eines mechanischen Hilfsmittels, der sogenannten Vertikalkreis-Versicherungslibelle.

Die Vertikalkreis-Versicherungslibelle ist eine am Nonienträger des Vertikalkreises aufmontierte Libelle, welche vor jeder einzelnen Ablesung am Vertikalkreise sowohl in „Kreis links" als auch in „Kreis rechts" sorgfältig zum Einspielen gebracht werden muß.

Hierzu ist eine eigene Feinschraube vorhanden, durch deren Betätigung lediglich eine Drehung des Nonienträgers um die Kippachse und damit eine Drehung der Versicherungslibelle erfolgt, während die Zielachsenrichtung im Raume, also die Fernrohrstellung, vollkommen ungeändert bleibt.

In den Figuren 21 und 22 sind zwei Typen von Versicherungslibellen dargestellt. Die Buchstaben, welche in diesen Figuren auftreten haben folgende Bedeutung:

Y = Kippachse des Theodolits (im Schnitte).

T = Träger der Vertikalkreisnonien, auf Kippachse bloß durch Reibung aufsitzend.

Z = Nach abwärts reichender Zapfen des Nonienträgers.

σ = Feinschraube zur Betätigung der Versicherungslibelle.

r_1 und r_2 = Rektifikationsschrauben der Versicherungslibelle.

A_1 und A_2 = Am Kippachsenträger fest aufmontierte Metallprismen, deren eines (A_2) das Muttergewinde der Feinschraube σ enthält, während in dem anderen (A_1) eine Hülse mit dem federnden Stift S eingeschraubt ist.

Die Haupttangente der Versicherungslibelle schließt mit der Verbindungslinie der Nonienullpunkte einen ganz bestimmten konstanten Winkel ν ein.

Bringt man die Versicherungslibelle mit der Feinschraube σ scharf zum Einspielen, dann wird die Haupttangente der Libelle horizontal, mithin die Verbindungslinie der Nonienullpunkte am Vertikalkreise unter dem Winkel ν gegen den Horizont geneigt.

Daher: *Wird die Versicherungslibelle vor jeder Ablesung am Vertikalkreise (in beiden Kreislagen) mit der Feinschraube σ scharf*

§ 14. Die Vertikalkreis-Versicherungslibelle

zum Einspielen gebracht, dann bleibt der Neigungswinkel v der Verbindungslinie der Nonennullpunkte am Vertikalkreise konstant.

Berichtigung des Indexfehlers am Vertikalkreise mittelst Versicherungslibelle. Die Berichtigung des Indexfehlers am Vertikalkreise ist nur dann erforderlich, wenn man bloß in einer einzigen Kreislage beobachten, dabei aber die rechnungsmäßige Berücksichtigung des Indexfehlers umgehen will.

Nachstehend der Vorgang bei der Berichtigung:

Man bestimmt den wahren Wert des Höhenwinkels bzw. der Zenitdistanz für eine Visur nach einem gegebenen Höhenfixpunkt (z. B. nach einer Turmspitze) durch Messung in beiden Kreislagen und Mittelbildung aus den Beobachtungswerten.

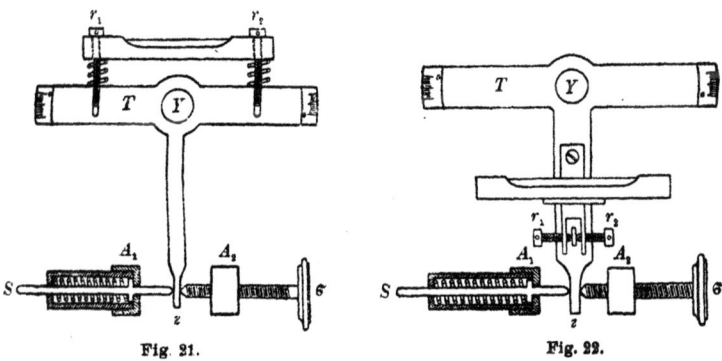

Fig. 21.   Fig. 22.

Dabei ist in beiden Kreislagen die Versicherungslibelle vor jeder Ablesung scharf zum Einspielen zu bringen.

Sodann stellt man in „Kreis links" nochmals in aller Schärfe auf den gewählten Fixpunkt ein und erteilt dem Nonienträger des Vertikalkreises durch Betätigung der Libellenfeinschraube σ eine solche Stellung, daß das zugeordnete Nonienmittel gleich wird dem wahren Werte des beobachteten Höhenwinkels h bzw. der beobachteten Zenitdistanz z.

Es ist einleuchtend, daß bei dieser Betätigung der Libellenfeinschraube σ ein Libellenausschlag zum Vorschein kommen muß. Dieser Libellenausschlag ist hinterher zur Gänze mittelst der Libellenberichtigungsschräubchen r_1 und r_2 (Figuren 21 und 22) zu beseitigen.

Damit ist die Berichtigung des Indexfehlers und der Versicherungslibelle vollzogen.

Bei weiteren Vertikalwinkelmessungen liefert das Nonienmittel bei einspielender Versicherungslibelle sowohl in „Kreis links" als auch in „Kreis rechts" unmittelbar den wahren Wert des zu messenden Winkels.

48 II. Die an astronom. Beobachtungen anzubringenden Korrektionen

§ 15. Vertikalwinkelmessung bei nichteinspielender Versicherungslibelle.

Bei feineren zu astronomischen Arbeiten gebauten Universalen sind die Versicherungslibellen von solcher Empfindlichkeit, daß es ungemein zeitraubend wird, dieselben zum Einspielen zu bringen.

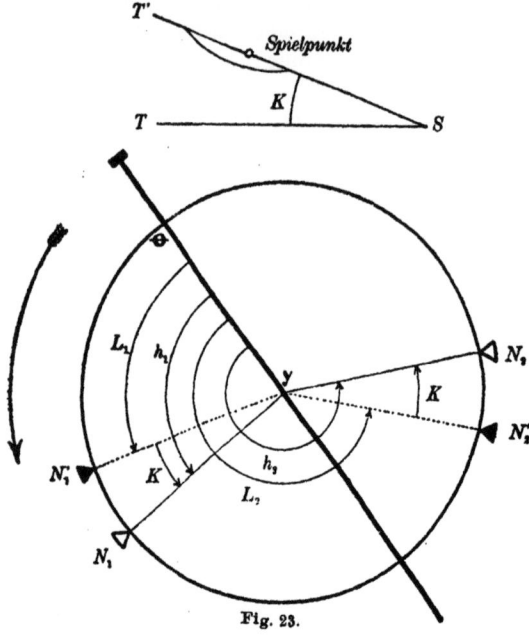

Fig. 23.

Man verzichtet daher in der Regel auf das Einspielen der Libelle und bringt an der bei nichteinspielender Libelle auftretenden Vertikalkreisablesung eine sogenannte „*Libellenkorrektion*" an, durch welche die beobachtete Vertikalkreisablesung auf jene andere zurückgeführt wird, die sich bei einspielender Versicherungslibelle ergeben müßte.

In Figur 23 sei ein Vertikalkreis mit dem Uhrzeigersinne entgegengesetzter Bezifferung angenommen.

Bei einspielender Versicherungslibelle hätte deren Haupttangente

die Lage TS,

der Nonius I die Position N_1,

der Nonius II die Position N_2.

Bei nichteinspielender Versicherungslibelle hat deren Haupttangente die Lage $T'S$,

der Nonius I die Position N_1',

der Nonius II die Position N_2'.

(1) Dabei ist $\angle TST' = \angle N_1 Y N_1' = \angle N_2 Y N_2' = K$.

Die idealen Ablesungen bei einspielender Libelle wären

$$h_1 \text{ und } h_2,$$

die tatsächlichen Ablesungen bei nichteinspielender Libelle sind

$$L_1 \text{ und } L_2.$$

§ 15. Vertikalwinkelmessung bei nichteinspiel. Versicherungslibelle 49

Da $\quad h_1 = L_1 + K \quad$ und $\quad h_2 = L_2 + K,$

(2) so wird $\quad h_i = \dfrac{h_1 + (h_2 - 180°)}{2} = \dfrac{L_1 + (L_2 - 180°)}{2} + K.$

Das heißt: *Das arithmetische Mittel aus den beiden Nonienablesungen bei nichteinspielender Versicherungslibelle ist mit derselben*

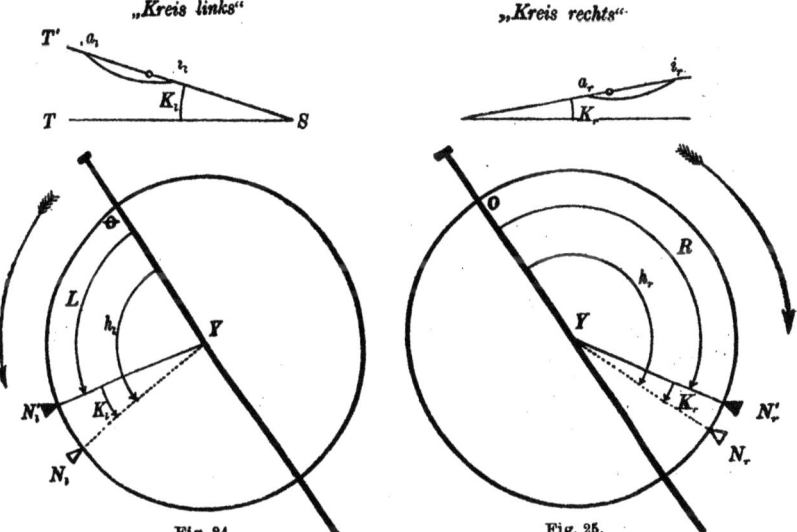

Fig. 24. Fig. 25.

Libellenkorrektion K zu versehen wie jede einzelne Nonienablesung für sich.

Mithin genügt es, bei den nachstehenden Untersuchungen bloß einen einzigen Nonius anzunehmen und für diesen die Libellenkorrektion K zu berechnen.

Ist A der in Skalenteilen der Libelle gemessene Ausschlag des Blasenmittelpunktes, τ'' der Winkelwert eines Skalenteiles der Libelle, so wird

(3) $\qquad\qquad \boldsymbol{K = \tau'' \cdot A}.$

Libellenkorrektion für Vertikalkreise mit Bezifferung entgegengesetzt dem Uhrzeigersinne. a) *Bei abgesetzter Libellenteilung.*

In Figur 24 sei *für* „Kreis links":

N_l Stellung des Nonius bei einspielender Versicherungslibelle,

N_l' Stellung des Nonius bei nichteinspielender Versicherungslibelle,

a_l Ablesung am äußeren, dem Objektive zugekehrten Blasenrande,

i_l Ablesung am inneren, dem Okulare zugekehrten Blasenrande.

II. Die an astronom. Beobachtungen anzubringenden Korrektionen

Dann wird:
$$K_l = \frac{\tau''}{2} \cdot (a_l - i_l),$$

(4) $\quad h_l = L + K_l = L + \frac{\tau''}{2} \cdot (a_l - i_l);$

wobei L die sich ergebende tatsächliche Ablesung bedeutet.

In Figur 25 sei *für „Kreis rechts":*

N_r Stellung des Nonius bei einspielender Versicherungslibelle,
N_r' Stellung des Nonius bei nichteinspielender Versicherungslibelle,
a_r Ablesung am äußeren, dem Objektive zugekehrten Blasenrande,
i_r Ablesung am inneren, dem Okulare zugekehrten Blasenrande.

Dann wird:
$$K_r = \frac{\tau''}{2} \cdot (i_r - a_r),$$

(5) $\quad h_r = R + K_r = R + \frac{\tau''}{2} (i_r - a_r);$

wobei R die sich tatsächlich ergebende Ablesung bedeutet.

Werden die Visuren in beiden Kreislagen gemacht und sind L bzw. R die Nonienmittel für diese Kreislagen, dann wird nach den Formeln aus der „Theorie des Vertikalkreises":

(6) $\cdot h = \dfrac{h_l + (180° - h_r)}{2} = \dfrac{L + (180° - R)}{2} + \dfrac{\tau''}{4} \cdot [(a_l - i_l) + (a_r - i_r)],$

(7) $z = 90 - h = \dfrac{R - L}{2} - \dfrac{\tau''}{4} \cdot [(a_l - i_l) + (a_r - i_r)],$

(8) $O = \dfrac{h_r + h_l}{2} = \dfrac{R + L}{2} + \dfrac{\tau''}{4} \cdot [(a_l - i_l) - (a_r - i_r)],$

(9) $J = \dfrac{(180° - h_r) - h_l}{2} = \dfrac{(180° - R) - L}{2} - \dfrac{\tau''}{4} \cdot [(a_l - i_l) - (a_r - i_r)].$

Dabei bedeutet h den fehlerfreien Höhenwinkel, z die fehlerfreie Zenitdistanz der Visur nach dem in beiden Kreislagen beobachteten Höhenfixpunkt; O den Ort des Zenits und J den Indexfehler des verwendeten Universales.

Bei Beobachtung von Gestirnen, deren Höhenwinkel bzw. Zenitdistanz von Augenblick zu Augenblick variiert, muß, wie in der Theorie des Vertikalkreises bereits hervorgehoben wurde, der Ort des Zenits bzw. der Indexfehler in jeder einzelnen Kreislage rechnungsmäßig berücksichtigt werden. — Das heißt: Es müssen bei Sternbeobachtungen „Ort des Zenits" und „Indexfehler" ziffernmäßig bekannte Größen sein.

Die Bestimmung dieser Größen erfolgt durch Beobachtung eines in beiden Kreislagen anzuvisierenden terrestrischen Höhenfixpunktes entsprechend den Formeln (8) und (9).

Kennt man aber den Ort des Zenits bzw. den Indexfehler des Universales, dann erhält man nach der Theorie des Vertikalkreises

§ 15. Vertikalwinkelmessung bei nichteinspiel. Versicherungslibelle

zur Berechnung der fehlerfreien Höhe bzw. Zenitdistanz eines Gestirnes aus dem Beobachtungsresultate in einer einzigen Kreislage nachstehende Formeln:

(10)
$$\begin{cases} \text{für „}Kreis\ links\text{":} \\ h = h_l + J \overset{(4)}{=\!=} L + \dfrac{\tau''}{2}(a_l - i_l) + J, \\ \text{für „}Kreis\ rechts\text{":} \\ h = (180^0 - h_r) - J \overset{(5)}{=\!=} (180^0 - R) + \dfrac{\tau''}{2}(a_r - i_r) - J; \end{cases}$$

oder mit dem Orte des Zenits:

(11)
$$\begin{cases} \text{für „}Kreis\ links\text{":} \\ h = h_l + 90^0 - O \overset{(4)}{=\!=} L + 90^0 + \dfrac{\tau''}{2}(a_l - i_l) - O, \\ \text{für „}Kreis\ rechts\text{":} \\ h = (90^0 - h_r) + O \overset{(5)}{=\!=} 90^0 - R + \dfrac{\tau''}{2}(a_r - i_r) + O. \end{cases}$$

b) *Bei durchlaufender Libellenteilung (Nullpunkt der Libelle in „Kreis links" auf Seite des Objektives).* Bei Libellen mit durchlaufender Teilung wählt man irgendeinen beliebigen Teilstrich der Libelle, etwa jenen Teilstrich, der mit m beziffert ist, als Spielpunkt oder Marke der Libelle; hält man dann die im vorhergehenden eingeführte Bezeichnungsweise bei, so findet man:

Für „*Kreis links*" (Figur 26): $K_l = \tau'' \cdot \left(m - \dfrac{a_l + i_l}{2}\right)$

(12) $\qquad h_l = L + K_l = L + \dfrac{\tau''}{2}[2m - (a_l + i_l)].$

Für „*Kreis rechts*" (Figur 27): $K_r = \tau'' \cdot \left(m - \dfrac{a_r + i_r}{2}\right)$

(13) $\qquad h_r = R + K_r = R + \dfrac{\tau''}{2}[2m - (a_r + i_r)].$

Wird ein und derselbe terrestrische Fixpunkt in beiden Kreislagen beobachtet und sind L bzw. R die zugeordneten Nonienmittel, dann wird nach der Theorie des Vertikalkreises:

Fehlerfreier Höhenwinkel:

(14) $h = \dfrac{h_l + (180^0 - h_r)}{2} = \dfrac{L + (180^0 - R)}{2} + \dfrac{\tau''}{4} \cdot [(a_r + i_r) - (a_l + i_l)],$

Fehlerfreie Zenitdistanz:

(15) $z = 90^0 - h = \dfrac{R - L}{2} + \dfrac{\tau''}{4} \cdot [(a_l + i_l) - (a_r + i_r)],$

52 II. Die an astronom. Beobachtungen anzubringenden Korrektionen

Ort des Zenits:

(16) $\quad O = \dfrac{h_r + h_l}{2} = \dfrac{R + L}{2} + \dfrac{\tau''}{4} \cdot [4m - (a_l + i_l) - (a_r + i_r)],$

(17) $\quad \begin{cases} \text{Indexfehler:} \quad J = \dfrac{(180° - h_r) - h_l}{2} \\ = \dfrac{(180° - R) - L}{2} - \dfrac{\tau''}{4} \cdot [4m - (a_l + i_l) - (a_r + i_r)]. \end{cases}$

Bei Beobachtung von Gestirnen ist in jeder Kreislage für sich die Beobachtung wegen Ort des Zenits oder Indexfehler zu ver-

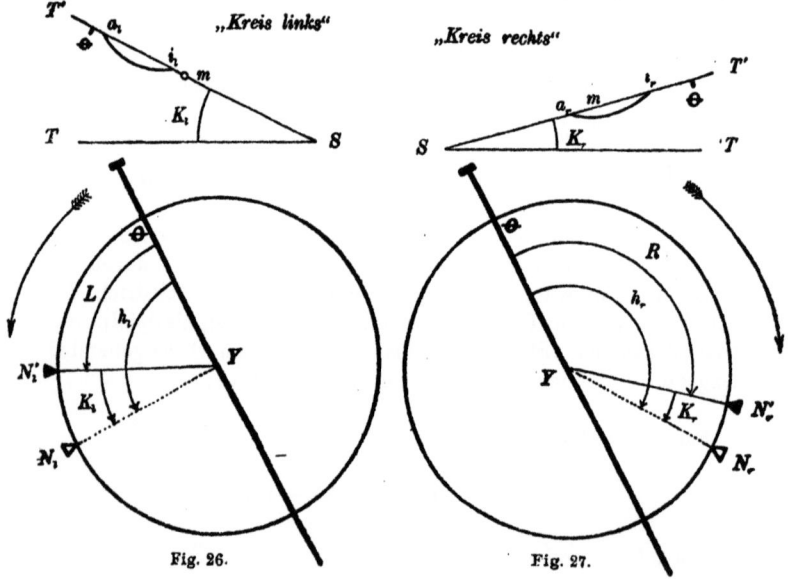

Fig. 26.   Fig. 27.

bessern. — Mithin sind diese beiden Größen vor der Beobachtung der Gestirne nach den Gleichungen (16) bzw. (17) zu berechnen. Ist O und J ziffermäßig bekannt, dann findet man nach Theorie des Vertikalkreises:

Für „Kreis links": $\quad h = h_l + J = h_l + 90 - O,$

(18) $\begin{cases} h = L + \dfrac{\tau''}{2} \cdot [2m - (a_l + i_l)] + J \\ \quad = L + 90° + \dfrac{\tau''}{2}[2m - (a_l + i_l)] - O, \\ z = 90° - h = 90 - L - \dfrac{\tau''}{2}[2m - (a_l + i_l)] - J \\ \quad = O - L - \dfrac{\tau''}{2}[2m - (a_l + i_l)]. \end{cases}$

Für „*Kreis rechts*": $\quad h = (180^0 - h_r) - J = 90^0 - h_r + O$,

$$(19) \begin{cases} h = (180^0 - R) - \dfrac{\tau''}{2}[2m - (a_r + i_r)] - J \\ \quad = 90^0 - R + O - \dfrac{\tau''}{2}[2m - (a_r + i_r)], \\ z = 90^0 - h = R - 90^0 + J + \dfrac{\tau''}{2}[2m - (a_r + i_r)] \\ \quad = R - O + \dfrac{\tau''}{2}[2m - (a_r + i_r)]. \end{cases}$$

Bemerkung. In dem besonderen Falle, wo man den Nullpunkt der Libellenteilung als Marke wählt, hat man in den soeben ermittelten Formeln $m = 0$ zu setzen.

Damit kommt nach (16)

$$(20) \qquad O = \frac{R+L}{2} - \frac{\tau''}{4}[(a_r + i_r) + (a_l + i_l)],$$

nach (17)

$$(21) \qquad J = \frac{(180^0 - R) - L}{2} + \frac{\tau''}{4}[(a_r + i_r) + (a_l + i_l)].$$

Ferner findet man für Beobachtungen in einer einzelnen Kreislage:

Für „*Kreis links*" nach (18)

$$(22) \begin{cases} h = L + J - \dfrac{\tau''}{2} \cdot (a_l + i_l) = L + (90 - O) - \dfrac{\tau''}{2}(a_l + i_l). \\ z = 90^0 - L - J + \dfrac{\tau''}{2}(a_l + i_l) = O - L + \dfrac{\tau''}{2}(a_l + i_l). \end{cases}$$

Für „*Kreis rechts*" nach (19)

$$(23) \begin{cases} h = (180^0 - R) - J + \dfrac{\tau''}{2}(a_r + i_r) = (90 - R) + O + \dfrac{\tau''}{2}(a_r + i_r) \\ z = (R - 90^0) + J - \dfrac{\tau''}{2}(a_r + i_r) = R - O - \dfrac{\tau''}{2}(a_r + i_r). \end{cases}$$

c) *Bei durchlaufender Libellenteilung Nullpunkt der Libelle auf Seite des Okulares.* Wählt man wie im vorhergehenden Falle den mit m bezeichneten Teilstrich der Libellenskala als Marke oder Spielpunkt, dann findet man unter Beibehaltung der früheren Bezeichnungsweise:

Für „Kreis links" (Figur 28) $K_l = \tau''\left(\dfrac{a_l + i_l}{2} - m\right)$,

$$(24) \qquad h_l = L + K_l = L + \frac{\tau''}{2} \cdot [(a_l + i_l) - 2m],$$

für „Kreis rechts" (Figur 29) $K_r = \tau''\left(\dfrac{a_r + i_r}{2} - m\right)$,

$$(25) \qquad h_r = R + K_r = R + \frac{\tau''}{2}[(a_r + i_r) - 2m].$$

54 II. Die an astronom. Beobachtungen anzubringenden Korrektionen

Bei Beobachtung eines terrestrischen Fixpunktes kann man die Beobachtungswerte in „Kreis links" und „Kreis rechts" zwecks Eliminierung des Indexfehlers oder des Orts des Zenits kombinieren, wodurch man erhält:

(26) $h = \dfrac{h_l + (180^0 - h_r)}{2} = \dfrac{L + (180^0 - R)}{2} + \dfrac{\tau''}{4}[(a_l + i_l) - (a_r + i_r)]$,

(27) $z = 90 - h = \dfrac{R - L}{2} - \dfrac{\tau''}{4} \cdot [(a_l + i_l) - (a_r + i_r)]$,

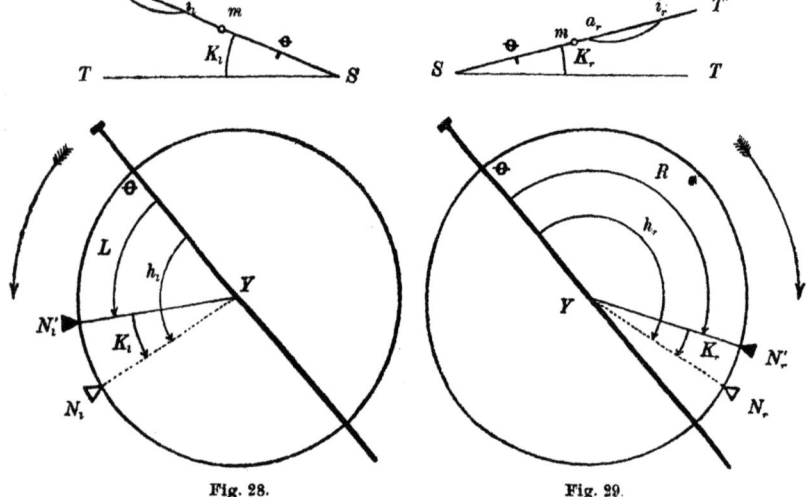

Fig. 28.   Fig. 29.

(28) $O = \dfrac{h_r + h_l}{2} = \dfrac{R + L}{2} + \dfrac{\tau''}{4}[(a_r + i_r) + (a_l + i_l) - 4m]$,

(29) $J = 90 - O = \dfrac{(180^0 - R) - L}{2} - \dfrac{\tau''}{4}[(a_r + i_r) + (a_l + i_l) - 4m]$.

Für Beobachtungen in einer Kreislage erhält man unter der Annahme, daß O und J bereits ziffermäßig bekannte Größen sind, folgende Formeln:

Für „Kreis links": $h = h_l + J = h_l + 90^0 - O$,

$$(30)\begin{cases} h = L + J + \dfrac{\tau''}{2}[(a_l + i_l) - 2m] = L + (90^0 - O) \\ \qquad + \dfrac{\tau''}{2}[(a_l + i_l) - 2m], \\ z = 90^0 - h = (90^0 - L) - J - \dfrac{\tau''}{2}[(a_l + i_l) - 2m] = O - L \\ \qquad - \dfrac{\tau''}{2}[(a_l + i_l) - 2m], \end{cases}$$

§ 15. Vertikalwinkelmessung bei nichteinspiel. Versicherungslibelle

Für „*Kreis rechts*": $h = (180^0 - h_r) - J = 90^0 - h_r + O$,

(31)
$$\begin{cases} h = (180^0 - R) - J - \frac{\tau''}{2}[(a_r + i_r) - 2m] \\ \quad = (90 - R) + O - \frac{\tau''}{2}[(a_r + i_r) - 2m], \\ z = 90^0 - h = (R - 90^0) + J + \frac{\tau''}{2}[(a_r + i_r) - 2m] \\ \quad = R - O + \frac{\tau''}{2}[(a_r + i_r) - 2m]. \end{cases}$$

Bemerkung: In dem besonderen Falle, wo man den Nullpunkt der Libellenskala als Marke wählt, ist in den vorstehenden Formeln $m = 0$ zu setzen. — Damit findet man:

Nach (28) Ort des Zenits:

(32) $$O = \frac{R+L}{2} + \frac{\tau''}{4}[(a_r + i_r) + (a_l + i_l)].$$

Nach (29) Indexfehler:

(33) $$J = \frac{(180 - R) - L}{2} - \frac{\tau''}{4}[(a_r + i_r) + (a_l + i_l)].$$

Nach (30) für „*Kreis links*":

(34) $$\begin{cases} h = L + J + \frac{\tau''}{2}(a_l + i_l) = L + (90^0 - O) + \frac{\tau''}{2}(a_l + i_l), \\ z = 90^0 - L - J - \frac{\tau''}{2}(a_l + i_l) = O - L - \frac{\tau''}{2}(a_l + i_l). \end{cases}$$

Nach (31) für „*Kreis rechts*":

(35) $$\begin{cases} h = (180^0 - R) - J - \frac{\tau''}{2}(a_r + i_r) = (90^0 - R) + O - \frac{\tau''}{2}(a_r + i_r), \\ z = (R - 90^0) + J + \frac{\tau''}{2}(a_r + i_r) = R - O + \frac{\tau''}{2}(a_r + i_r). \end{cases}$$

Libellenkorrektion für Vertikalkreise mit Bezifferung im Uhrzeigersinne. Die Herleitung der diesbezüglichen Formeln kann der Leser ohne Schwierigkeit in ganz analoger Weise durchführen, wie dies früher für Vertikalkreise mit Bezifferung entgegengesetzt dem Uhrzeigersinne gezeigt worden ist. — Es möge daher genügen, an dieser Stelle bloß eine Zusammenstellung der Formeln zu geben:

a) *Bei abgesetzter Libellenteilung.* Für „Kreis links":

(36) $$z_l = L + \frac{\tau''}{2}(i_l - a_l),$$

für „Kreis rechts":

(37) $$z_r = R + \frac{\tau''}{2}(a_r - i_r).$$

II. Die an astronom. Beobachtungen anzubringenden Korrektionen.

Für terrestrische Fixpunkte, die in beiden Kreislagen beobachtet wurden, findet man:

(38) $z = \dfrac{(360^\circ - z_r) + z_l}{2} = \dfrac{(360^\circ - R) + L}{2} + \dfrac{\tau''}{4}[(i_r - a_r) + (i_l - a_l)]$,

(39) $h = 90^\circ - z \quad = \dfrac{(R - 180^\circ) - L}{2} - \dfrac{\tau''}{4}[(i_r - a_r) + (i_l - a_l)]$,

Ort des Zenits:

(40) $O = \dfrac{z_l - (360^\circ - z_r)}{2} = \dfrac{L - (360^\circ - R)}{2} + \dfrac{\tau''}{4}[(i_l - a_l) - (i_r - a_r)]$,

Indexfehler:

(41) $J = -O \quad = \dfrac{(360^\circ - R) - L}{2} - \dfrac{\tau''}{4}[(i_l - a_l) - (i_r - a_r)]$.

Für Gestirnbeobachtungen ist Ort des Zenits oder Indexfehler in jeder Kreislage rechnungsmäßig zu berücksichtigen; daher für „Kreis links"

(42) $\begin{cases} z = z_l - O = L - O + \dfrac{\tau''}{2}(i_l - a_l) \\ \quad = z_l + J = L + J + \dfrac{\tau''}{2}(i_l - a_l), \end{cases}$

(43) $\begin{cases} h = 90^\circ - z = (90^\circ - L) + O - \dfrac{\tau''}{2}(i_l - a_l) \\ \quad = (90^\circ - L) - J - \dfrac{\tau''}{2}(i_l - a_l), \end{cases}$

für „Kreis rechts"

(44) $\begin{cases} z = (360^\circ - R) - J + \dfrac{\tau''}{2}(i_r - a_r) \\ \quad = (360^\circ - R) + O + \dfrac{\tau''}{2}(i_r - a_r), \end{cases}$

(45) $\begin{cases} h = (R - 270^\circ) + J - \dfrac{\tau''}{2}(i_r - a_r) \\ \quad = (R - 270^\circ) - O - \dfrac{\tau''}{2}(i_r - a_r). \end{cases}$

b) *Bei durchlaufender Libellenteilung, Nullpunkt der Libelle in „Kreis links" auf Seite des Objektives.* Für „Kreis links"

(46) $\quad z_l = L + \dfrac{\tau''}{2}[(a_l + i_l) - 2m]$,

für „Kreis rechts"

(47) $\quad z_r = R + \dfrac{\tau''}{2}[(a_r + i_r) - 2m]$.

§ 15. Vertikalwinkelmessung bei nichteinspiel. Versicherungslibelle

Für terrestrische Fixpunkte, die in beiden Kreislagen beobachtet werden, findet man:

(48) $z = \dfrac{(360^0 - z_r) + z_l}{2} = \dfrac{(360^0 - R) + L}{2} + \dfrac{\tau''}{4} \cdot [(a_l + i_l) - (a_r + i_r)],$

(49) $h = 90^0 - z \quad = \dfrac{(R - 180^0) - L}{2} - \dfrac{\tau''}{4} \cdot [(a_l + i_l) - (a_r + i_r)],$

Ort des Zenits:

(50) $\begin{cases} O = \dfrac{z_l - (360^0 - z_r)}{2} = \dfrac{L - (360^0 - R)}{2} \\ \quad + \dfrac{\tau''}{4} [(a_l + i_l) + (a_r + i_r) - 4m], \end{cases}$

Indexfehler:

(51) $J = -O = \dfrac{(360^0 - R) - L}{2} - \dfrac{\tau''}{4}[(a_l + i_l) + (a_r + i_r) - 4m].$

Für Gestirnbeobachtungen in einer Kreislage findet man:

Für „Kreis links"

(52) $\begin{cases} z = z_l - O = L - O + \dfrac{\tau''}{2}[(a_l + i_l) - 2m] \\ \quad = z_l + J = L + J + \dfrac{\tau''}{2}[(a_l + i_l) - 2m] \end{cases}$

(53) $\begin{cases} h = 90^0 - z = (90^0 - L) + O - \dfrac{\tau''}{2}[(a_l + i_l) - 2m] \\ \quad = (90^0 - L) - J - \dfrac{\tau''}{2}[(a_l + i_l) - 2m], \end{cases}$

für „Kreis rechts"

(54) $\begin{cases} z = (360^0 - R) + O - \dfrac{\tau''}{2}[(a_r + i_r) - 2m] \\ \quad = (360^0 - R) - J - \dfrac{\tau''}{2}[(a_r + i_r) - 2m], \end{cases}$

(55) $\begin{cases} h = (R - 270^0) - O + \dfrac{\tau}{2}[(a_r + i_r) - 2m] \\ \quad = (R - 270^0) + J + \dfrac{\tau''}{2}[(a_r + i_r) - 2m]. \end{cases}$

In dem besonderen Falle, wo der Libellen-Nullpunkt als Spielpunkt aufgefaßt wird, ist $m = 0$ zu setzen; dies gibt:

(56) $\begin{cases} O = \dfrac{L - (360^0 - R)}{2} + \dfrac{\tau''}{4}[(a_l + i_l) + (a_r + i_r)], \\ J = \dfrac{(360^0 - R) - L}{2} - \dfrac{\tau''}{4}[(a_l + i_l) + (a_r + i_r)]. \end{cases}$

II. Die an astronom. Beobachtungen anzubringenden Korrektionen

Für „Kreis links"

$$(57) \quad \begin{cases} z = L - O + \dfrac{\tau''}{2}(a_l + i_l) = L + J + \dfrac{\tau''}{2}(a_l + i_l), \\ h = (90^0 - L) + O - \dfrac{\tau''}{2}(a_l + i_l) \\ = (90^0 - L) - J - \dfrac{\tau''}{2}(a_l + i_l), \end{cases}$$

für „Kreis rechts"

$$(58) \quad \begin{cases} z = (360^0 - R) + O - \dfrac{\tau''}{2}(a_r + i_r) \\ = (360^0 - R) - J - \dfrac{\tau''}{2}(a_r + i_r), \\ h = (R - 270^0) - O + \dfrac{\tau''}{2}(a_r + i_r) \\ = (R - 270^0) + J + \dfrac{\tau''}{2}(a_r + i_r). \end{cases}$$

c) *Bei durchlaufender Libellenteilung, Nullpunkt der Libelle in „Kreis links" auf Seite des Okulares.*

Für „Kreis links"

$$(59) \quad z_l = L + \dfrac{\tau''}{2}[2m - (a_l + i_l)],$$

für „Kreis rechts"

$$(60) \quad z_r = R + \dfrac{\tau''}{2}[2m - (a_r + i_r)].$$

Bei Beobachtung terrestrischer Punkte, wo eine Mittelbildung aus beiden Kreislagen statthaft ist, findet man:

$$(61) \quad z = \dfrac{z_l + (360^0 - z_r)}{2} = \dfrac{L + (360^0 - R)}{2} + \dfrac{\tau''}{4}[(a_r + i_r) - (a_l + i_l)],$$

$$(62) \quad h = 90^0 - z \quad = \dfrac{(R - 180^0) - L}{2} - \dfrac{\tau''}{4}[(a_r + i_r) - (a_l + i_l)],$$

Ort des Zenits:

$$(63) \quad \begin{cases} O = \dfrac{z_l - (360^0 - z_r)}{2} = \dfrac{L - (360^0 - R)}{2} \\ + \dfrac{\tau''}{4} \cdot [4m - (a_l + i_l) - (a_r + i_r)], \end{cases}$$

Indexfehler:

$$(64) \quad J = -O = \dfrac{(360^0 - R) - L}{2} - \dfrac{\tau''}{4}[4m - (a_l + i_l) - (a_r + i_r)].$$

§ 15. Vertikalwinkelmessung bei nichteinspiel. Versicherungslibelle

Für Gestirnbeobachtungen, wo Mittelbildung aus beiden Kreislagen unstatthaft ist, erhält man:

Für „Kreis links"

$$(65)\begin{cases} z = L - O + \dfrac{\tau''}{2}[2m - (a_l + i_l)] \\ \quad = L + J + \dfrac{\tau''}{2}[2m - (a_l + i_l)], \\ h = (90^0 - L) + O - \dfrac{\tau''}{2}[2m - (a_l + i_l)] \\ \quad = (90^0 - L) - J - \dfrac{\tau''}{2}[2m - (a_l + i_l)], \end{cases}$$

für „Kreis rechts"

$$(66)\begin{cases} z = (360^0 - R) + O - \dfrac{\tau''}{2}[2m - (a_r + i_r)] \\ \quad = (360^0 - R) - J - \dfrac{\tau''}{2}[2m - (a_r + i_r)], \\ h = (R - 270^0) - O + \dfrac{\tau''}{2}[2m - (a_r + i_r)] \\ \quad = (R - 270^0) + J + \dfrac{\tau''}{2}[2m - (a_r + i_r)]. \end{cases}$$

In dem besonderen Falle, wo der Libellen-Nullpunkt als Marke gewählt wird, hat man $m = 0$ zu setzen; dies gibt:

$$(67)\begin{cases} O = \dfrac{L - (360^0 - R)}{2} - \dfrac{\tau''}{4}[(a_l + i_l) + (a_r + i_r)], \\ J = \dfrac{(360^0 - R) - L}{2} + \dfrac{\tau''}{4}[(a_l + i_l) + (a_r + i_r)], \end{cases}$$

für „Kreis links"

$$(68)\begin{cases} z = L - O - \dfrac{\tau''}{2}(a_l + i_l) = L + J - \dfrac{\tau''}{2}(a_l + i_l), \\ h = (90^0 - L) + O + \dfrac{\tau''}{2}(a_l + i_l) = (90^0 - L) - J + \dfrac{\tau''}{2}(a_l + i_l), \end{cases}$$

für „Kreis rechts"

$$(69)\begin{cases} z = (360^0 - R) + O + \dfrac{\tau''}{2}(a_r + i_r) = (360^0 - R) - J \\ \qquad\qquad + \dfrac{\tau''}{2}(a_r + i_r), \\ h = (R - 270^0) - O - \dfrac{\tau''}{2}(a_r + i_r) = (R - 270^0) + J \\ \qquad\qquad - \dfrac{\tau''}{2}(a_r + i_r). \end{cases}$$

§ 16. Die Korrektion der Zenitdistanz wegen Refraktion.

Aus der Physik ist folgende, durch Versuche festgestellte Tatsache bekannt:

Tritt ein Lichtstrahl aus einem optisch dünneren in ein optisch dichteres Medium über, dann erleidet er an der Trennungsfläche beider Medien eine Brechung zum Lote.

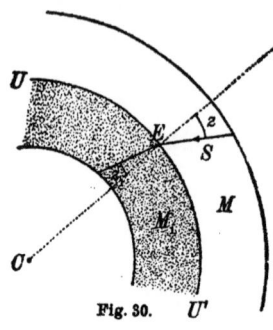

Fig. 30.

In Figur 30 sei:

$\overparen{UU'}$ die kugelförmige Trennungsfläche zweier Medien M und M_1,

C der Mittelpunkt dieser Trennungsfläche,

E der sogenannte Einfallspunkt des Lichtstrahles S,

$\overline{CL}$ das Einfallslot,

z der Einfallswinkel des Lichtstrahles S,

z_1 der Brechungswinkel des Lichtstrahles S.

Ist das Medium M_1 optisch dichter als das Medium M, dann wird nach dem zitierten Satze $z > z_1$.

Man nennt das Verhältnis $\dfrac{\sin z}{\sin z_1} = u_{1,2}$ den relativen Brechungsindex zwischen den Medien M und M_1.

Bestehen diese Medien insbesondere aus ein und demselben Gase und unterscheiden sie sich lediglich durch die Verschiedenheit ihrer Dichten, dann gilt, wie experimentell festgestellt wurde, die Relation:

(1) $\qquad u_{1,2}^2 = \left(\dfrac{\sin z}{\sin z_1}\right)^2 = 1 + c \cdot (\delta_1 - \delta),$

wenn $\qquad \delta_1 =$ Dichte des Mediums M_1,

$\delta =$ Dichte des Mediums M.

Ist der Dichtigkeitsunterschied $(\delta_1 - \delta)$ der betrachteten Gasschichten eine kleine Größe, dann kann man angenähert setzen:

(2) $\qquad \dfrac{\sin z}{\sin z_1} = \{1 + c(\delta_1 - \delta)\}^{1/2} \doteq 1 + \dfrac{c}{2} \cdot (\delta_1 - \delta).$

Angenommen, die Dichten der betrachteten Medien unterscheiden sich unendlich wenig, dann wird

$$\delta_1 - \delta = d\delta \quad \text{und} \quad z_1 = z - dz.$$

Damit kommt nach (2)

$$\dfrac{\sin z}{\sin(z - dz)} = 1 + \dfrac{c}{2} d\delta = \dfrac{\sin z}{\sin z - \cos z \, dz}$$

oder $\qquad \dfrac{c}{2} \sin z \cdot d\delta - \underbrace{\dfrac{c}{2} \cos z \cdot dz \, d\delta}_{\text{Nullante II. Ordnung}} = \cos z \cdot dz.$

§ 16. Die Korrektion der Zenitdistanz wegen Refraktion

Mithin kommt endgültig:

(3) $$dz = \frac{c}{2} \operatorname{tg} z \, d\delta.$$

Denkt man sich nun die Erde entsprechend der Figur 31 mit kugelförmigen, in sich homogenen, nach oben zu in ihrer Dichte abnehmenden konzentrischen Luftschichten umgeben, dann erleidet ein Lichtstrahl S, von einem in nahezu unendlicher Entfernung befindlichen Gestirne G kommend, nach dem Eintritte in die Atmosphäre beim Übergange von den höheren zu den tieferen Luftschichten sukzessive Brechungen zum Lote.

Die Folge dieser Brechungen ist, daß der im luftleeren Raume sich geradlinig fortpflanzende Lichtstrahl innerhalb der Atmosphäre eine gegen die Erdoberfläche konkave Kurve beschreibt, welche bekanntlich den Namen „Refraktionskurve" führt.

Denkt man sich im Punkte A der Erdoberfläche das Auge eines Beobachters, so verlängert dieses den eintretenden Lichtstrahl in der Richtung der Tangente der Refraktionskurve nach rückwärts, wodurch das Gestirn G nicht an seinem wahren Orte, sondern irrtümlicherweise in der Richtung nach G' zu gesehen wird.

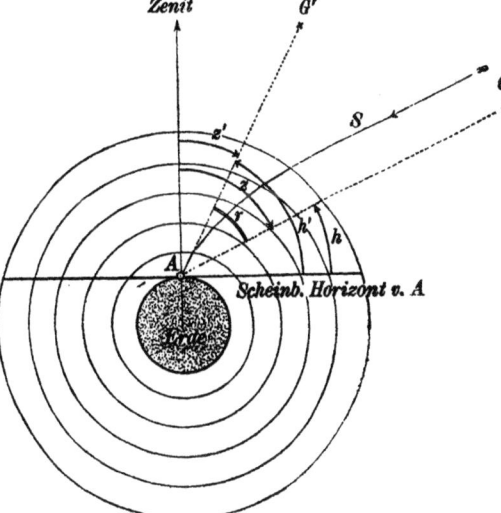

Fig. 31.

Der Winkel $G'AG = r$ heißt „der Refraktionswinkel" oder kurz „die Refraktion".

Der Einfluß des Refraktionswinkels auf die zu messende Zenitdistanz ist aus Figur 31 ohne weiteres ersichtlich:

Bedeutet z' die scheinbare, gemessene Zeitdistanz, z die wahre (wegen Refraktion verbesserte) Zenitdistanz des Gestirnes G, dann wird:

(4) $$z = z' + r.$$

Die Änderung in der Richtung des Lichtstrahles beim Übergange von einer unendlich dünnen Luftschichte zur anderen ist durch Gleichung (3) definiert.

Der Refraktionswinkel r aber ist nichts anderes als die Summe aller dieser Änderungen längs der Refraktionskurve. Mithin kann

62 II. Die an astronom. Beobachtungen anzubringenden Korrektionen

r als bestimmtes Integral dargestellt werden durch eine Gleichung von der Form:

$$(5) \qquad \widehat{r} = \sum dz = \int_0^\delta dz = \frac{c}{2} \int_0^\delta \operatorname{tg} z \cdot d\delta.$$

Da z längs der Refraktionskurve als Funktion der Schichtendichte δ von Punkt zu Punkt variiert und man nicht imstande ist, die tatsächlichen Verhältnisse in den höheren Luftschichten zu erforschen, so möge näherungsweise die Annahme gemacht werden, daß

$$z = z' = \text{konstante} = \text{beobachtete Zenitdistanz}.$$

Damit erhält man aus (5)

$$(6) \qquad \widehat{r} = \frac{c}{2} \cdot \operatorname{tg} z' \cdot \int_0^\delta d\delta = \frac{c}{2} \cdot \operatorname{tg} z' \cdot \delta,$$

wobei δ die Luftdichte im Beobachtungsorte A bedeutet.

Bezeichnet man die Dichte der Luft bei 0^0 Celsius und 760 mm Barometerstand mit δ_0, und die herrschende Luftdichte in A bei t^0 Celsius und B mm Barometerstand mit δ, dann besteht nach dem Gesetze von Gay-Lussac-Mariotte die Beziehung:

$$\frac{B}{760} = \frac{\delta}{\delta_0} \cdot (1 + \alpha t),$$

wobei $\alpha = \frac{1}{273} =$ Ausdehnungskoeffizient der Luft.

Damit kommt nach (6)

$$\widehat{r} = \frac{c\delta_0}{2} \cdot \frac{B}{760} \cdot \frac{\operatorname{tg} z'}{(1 + \alpha t)} = \frac{c\delta_0}{2} \cdot \frac{273}{760} \cdot \operatorname{tg} z' \cdot \frac{B}{(273 + t)}.$$

Oder im Winkelmaße:

$$(7) \qquad r = \varrho'' \cdot \frac{273}{760} \cdot \frac{c\delta_0}{2} \cdot \operatorname{tg} z' \cdot \frac{B}{(273 + t)}.$$

Nach Versuchen von Bessel ist

$$\frac{c\delta_0}{2} = 0{\cdot}000\,292\,69.$$

Somit

$$\varrho'' \cdot \frac{273}{760} \cdot \frac{c\delta_0}{2} \doteq 21.$$

Damit folgt aus (7)

$$(8) \qquad r = 21 \cdot \operatorname{tg} z' \cdot \frac{B}{273 + t}.$$

Wird die Lufttemperatur t und der Barometerstand B zur Zeit der Zenitdistanzmessung im Beobachtungsorte festgestellt, dann kann man den Refraktionswinkel r nach (8) berechnen.

§ 17. Die Korrektion der Zenitdistanz wegen Parallaxe.

In Figur 32 sei

A ein Beobachtungsort auf der kugelförmig gedachten Erde,
C der Erdmittelpunkt,
G das beobachtete Gestirn,
z' dessen scheinbare, von der Refraktion befreite Zenitdistanz,
z dessen wahre, auf den Erdmittelpunkt reduzierte Zenitdistanz,
R der Erdradius,
D die Distanz des Gestirnes vom Erdmittelpunkte.

Die auf den Mittelpunkt C reduzierte Zenitdistanz z heißt auch „*geozentrische Zenitdistanz*"; dieselbe unterscheidet sich von der beobachteten Zenitdistanz z' um den am Gestirne liegenden Winkel $(AGC) = p$, welcher „*parallaktischer Winkel*" oder kurzweg „*Parallaxe*" genannt wird.

Nach Figur 32 ist

(1) $\quad z = z' - p.$

Aus dem Dreiecke AGC folgt:

$\sin(180° - z') : \sin p = D : R,$

(2) $\quad \sin p = \dfrac{R}{D} \cdot \sin z',$

oder angenähert:

(3) $\quad p = \varrho'' \dfrac{R}{D} \sin z'.$

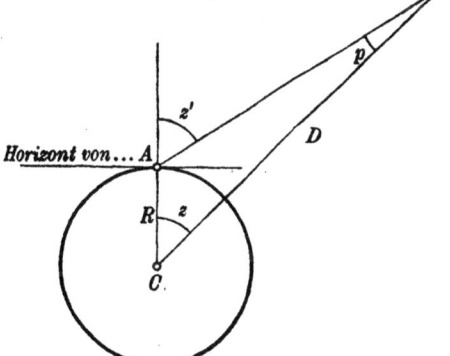

Fig. 32.

Nach (2) oder (3) kann die Parallaxe eines Gestirnes berechnet werden, wenn der Erdradius R und die Gestirndistanz D bekannte Größen sind. — Aus diesen Formeln erkennt man auch, daß die Parallaxe p nur für solche Gestirne einen praktisch brauchbaren Wert haben kann, für welche D im Vergleiche zu R nicht gar zu groß ist; also für die Gestirne unseres Sonnensystems.

Dagegen ist für Fixsterne, deren Distanz $D \doteq \infty$ gesetzt werden darf, nach (3) $p \doteq 0$.

Die Parallaxen der Gestirne unseres Sonnensystems, inklusive der Sonnenparallaxe selbst, sind in den astronomischen Jahrbüchern verzeichnet und bei praktischen Rechnungen aus denselben zu entnehmen.

Strenge genommen ist es nicht statthaft, von einer Gestirnparallaxe schlechthin zu sprechen, sondern es ist zu beachten, daß nach (2) oder (3) die Parallaxe eine Funktion der Zenitdistanz z' ist, die mit z' zugleich ihren Wert verändert.

Für $z'=0$ wird nach (3) $p=0$, für $z'=90°$

(4) $$p = \varrho'' \cdot \frac{R}{D} = \text{Maximalwert von } p = \pi.$$

Man nennt den Maximalwert von p, der in der Regel mit dem Buchstaben π bezeichnet wird, die Horizontalparallaxe des Gestirnes.

Mit Rücksicht auf (4) kann (3) auch so geschrieben werden:

(5) $$p = \pi \cdot \sin z'.$$

Kennt man also die Horizontalparallaxe π, dann kann die einer beliebigen Zenitdistanz z' zugeordnete Parallaxe p nach (5) berechnet werden.

Die in den astronomischen Jahrbüchern angegebenen Parallaxen sind die Horizontalparallaxen der Gestirne.

Hat man p aus (5) berechnet, dann wird die wahre geozentrische Zenitdistanz z durch (1) bestimmt.

§ 18. Korrektur der Zenitdistanz wegen Gestirnradius und Zusammenfassung aller Korrektionsglieder.

Wird ein als Scheibe sichtbares Gestirn beobachtet, dann wird, wie schon früher bemerkt wurde, die Einstellung auf den Scheibenmittelpunkt mit wachsendem Scheibenhalbmesser immer ungenauer.

Mithin wird namentlich bei größerem Scheibenradius, also bei Sonne und Mond, nicht die Scheibenmitte, sondern der obere oder untere Scheibenrand anvisiert.

In Figur 33 ist ein solcher Fall zur Darstellung gebracht und der obere Rand mit O, der untere Rand mit U bezeichnet worden, während A den Beobachtungsort und G den Gestirnmittelpunkt vorstellt.

Sind z_o bzw. z_u die zugeordneten Zenitdistanzen, und bedeutet R den Winkel, unter welchem der Gestirnradius wahrgenommen wird, dann ist aus Figur 33 ersichtlich, daß

(1) $$z = z_o + R = z_u - R.$$

Beobachtet man an Stelle der Zenitdistanzen z_o bzw. z_u die entsprechenden Höhenwinkel h_o bzw. h_u, dann kommt:

Am **Gestirnmittelpunkt** reduzierte Höhe:

(2) $$h = h_o - R = h_u + R.$$

Der Winkel R, unter dem der Radius des scheibenförmigen Gestirnes von der Erde aus wahrgenommen wird, ist in den Ephemeriden bzw. astronomischen Jahrbüchern für die in Betracht kommenden Gestirne angegeben.

§ 18. Korrektion der Zenitdistanz. § 19. Meridianbestimmung 65

Zusammenfassung der Korrektionsglieder der Zenitdistanz = bzw. Höhenwinkelmessung. Ist
z' die beobachtete, vom Indexfehler oder Ort des Zenits befreite Zenitdistanz,

z die wahre, auf Gestirnmitte und Erdmittelpunkt reduzierte, von der Refraktion freie Zenitdistanz,

r der Refraktionswinkel,

p die Parallaxe,

R der Winkel, unter dem der Gestirnradius wahrgenommen wird,

dann erhält man:

(3) $\quad z = z' + r - p \pm R.$

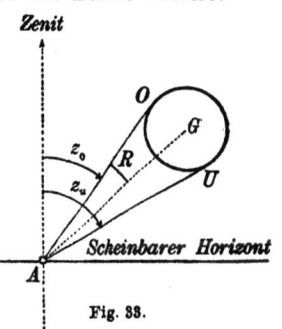

Fig. 33.

Oder aber, wenn an Stelle der Zenitdistanz z' der Höhenwinkel h' beobachtet wurde,

(4) $\quad h = h' - r + p \mp R.$

Dabei gilt beim letzten rechtsseitigen Gliede von (3) und (4) das $\binom{\text{obere}}{\text{untere}}$ Vorzeichen, je nachdem der $\binom{\text{obere}}{\text{untere}}$ Gestirnrand anvisiert wurde.

Speziell für Fixsterne ist: $R = 0$ und $p = 0$;

(5) $\quad$ somit $\quad z = z' + r, \quad h = h' - r.$

III. Meridian- und Zeitbestimmung.

§ 19. **Meridianbestimmung aus korrespondierenden Fixsternhöhen.** In Figur 34 ist

PP' die Weltachse,

QQ' der Himmelsäquator,

$K_o G K_u$ die kreisförmige scheinbare tägliche Bahn des Fixsternes G.

Aus dem Positionsdreiecke ZGP folgt nach dem Kosinussatze:

$\cos z = \cos(90 - \delta) \cos(90 - \varphi) + \sin(90 - \delta) \sin(90 - \varphi) \cos t$

(1) $\quad \cos z = \sin \delta \sin \varphi + \cos \delta \cos \varphi \cos t.$

Mit Hilfe dieser Gleichung können folgende zwei **Fragen** beantwortet werden:

I. Wo erreicht das Gestirn G auf seiner täglichen Bahn die kleinste Zenitdistanz, bzw. die größte Höhe?

III. Meridian- und Zeitbestimmung

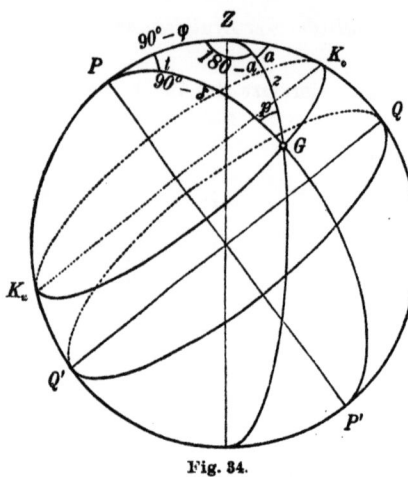

Fig. 34.

II. An welchen Stellen der Bahn hat das Gestirn gleiche Zenitdistanzen bzw. Höhen?

Ad I.: Die Differentiation von (1) nach t unter der Voraussetzung, daß φ und δ Konstanten sind, liefert:

$$-\sin z \cdot \frac{dz}{dt} = -\cos\delta \cos\varphi \cdot \sin t,$$

(2) $\quad \dfrac{dz}{dt} = \dfrac{\cos\delta \cos\varphi \sin t}{\sin z}.$

Die nochmalige Differentiation nach t liefert:

(3) $\begin{cases} \dfrac{d^2z}{dt^2} = \dfrac{\sin z \cos\delta \cos\varphi \cos t - \cos\delta \cos\varphi \sin t \cdot \cos z \cdot \dfrac{dz}{dt}}{\sin^2 z} \\ = \cos\delta \cos\varphi \cdot \dfrac{\sin^2 z \cos t - \cos\delta \cos\varphi \sin^2 t \cos z}{\sin^3 z}. \end{cases}$

Nach (2) wird $\dfrac{dz}{dt} = 0$, für $t = 0^0$ oder $t = 180^0$.

Für $t = 0$ ist aber nach (3)

$$\left(\frac{d^2z}{dt^2}\right)_{t=0} = \frac{\cos\delta \cos\varphi}{\sin z} > 0.$$

Für $t = 180^0$ ist aber nach (3)

$$\left(\frac{d^2z}{dt^2}\right)_{t=180} = -\frac{\cos\varphi \cos\delta}{\sin z} < 0,$$

d. h.: **Die Extremwerte der Zenitdistanz eines Fixsternes treten beim Passieren des Meridianes des Beobachtungsortes ein, und zwar das Maximum der Zenitdistanz bei der unteren, das Minimum bei der oberen Kulminaton.**

Bemerkung: Das Maximum der Zenitdistanz, also die untere Kulmination ist nur bei Zirkumpolarsternen sichtbar, bei denen bekanntlich $\delta > 90^0 - \varphi$ ist.

Für die kleinste Zenitdistanz (obere Kulmination) eines Fixsternes $t = 0$; somit nach (1):

$$\cos z_0 = \sin\varphi \sin\delta + \cos\varphi \cos\delta = \cos(\varphi - \delta).$$

Also die **Zenitdistanz der oberen Kulmination** selbst:

(4) $\quad z_0 = \pm(\varphi - \delta); \ (\pm)$, je nachdem $\varphi \gtreqless \delta$ ist.

§ 19. Meridianbestimmung aus korrespondierenden Fixsternhöhen

Ad II. Für zwei verschiedene Stundenwinkel t_1 und t_2 ein und desselben Fixsternes gelten nach (1) die Gleichungen:

$$\cos z_1 = \sin \varphi \sin \delta + \cos \varphi \cos \delta \cdot \cos t_1,$$

$$\cos z_2 = \sin \varphi \sin \delta + \cos \varphi \cos \delta \cdot \cos t_2.$$

Damit $z_1 = z_2$, also $\cos z_1 = \cos z_2$ sei, muß $\cos t_1 = \cos t_2$ werden, woraus $t_1 = -t_2$ folgt.

Das heißt: **Gleichen Zenitdistanzen bzw. gleichen Höhen ein und desselben Fixsternes in seiner täglichen scheinbaren Bahn, entsprechen symmetrische Positionen des Sternes gegenüber dem Meridian des Beobachtungsortes.**

Auf diesen Satz gründet sich die Methode der Meridianbestimmung aus korrespondierenden Fixsternhöhen.

Um nämlich den Meridian des Beobachtungsortes A nach der genannten Methode zu ermitteln, hat man irgendeinen beliebigen Fixstern in zwei korrespondierenden Positionen gleicher Höhe östlich und westlich vom Meridian zu beobachten und die zwischen diesen Positionen liegende Symmetrieebene zu bestimmen, welche mit der gesuchten Meridianebene identisch ist.

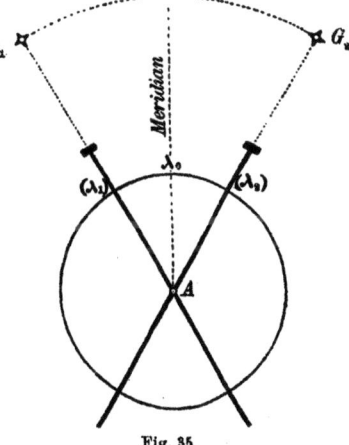

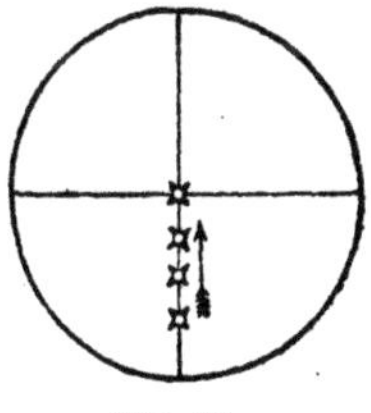

Fig. 35.

Der hierbei einzuhaltende Vorgang ist unter Hinweis auf Figur 35 nachstehend kurz beschrieben:

Man zentriert und horizontiert den Theodolit im Punkte A, stellt in einem beliebigen Moment auf den Fixstern ein (Position G_1) und macht die zugeordnete Horizontalkreisablesung λ_1.

Fig. 36.

Hernach wartet man so lange, bis der Fixstern auf der anderen Seite des Meridianes in der Nähe der gleichen Zenitdistanz anlangt, bringt ihn dann lediglich durch Horizontalbewegung des Theodolits in das Gesichtsfeld des Fernrohres und verfolgt seine Bewegung mittelst Alhidadenmikrometerschraube derart, daß es den Anschein erweckt, als ob der Stern am Vertikalfaden des Theodolits entlang gleiten würde. (Figur 36.)

In dem Momente, wo der Stern den Horizontalfaden passiert, wird die Verfolgung unterbrochen, weil er in diesem Momente die „korrespondierende Stellung" (G_2) erlangt hat.

Macht man nun die zugeordnete Horizontalkreisablesung λ_2, so entspricht dem zwischen G_1 und G_2 symmetrisch liegenden Meridiane des Beobachtungsortes A die **Meridian-Horizontalkreisablesung**:

$$(5) \qquad \lambda_0 = \frac{\lambda_1 + \lambda_2}{2}.$$

Dabei wurde jedoch vorausgesetzt, daß das Beobachtungsinstrument fehlerfrei sei, also weder einen Kippachsenfehler noch einen Kollimationsfehler besitze.

Erteilt man nun durch Alhidadendrehung dem Theodolit eine solche Stellung, daß am Horizontalkreise als Nonienmittel die Ablesung λ_0 erscheint, dann fällt bei fehlerfreiem Instrumente die Visierebene mit der Meridianebene des Beobachtungsortes A zusammen.

Zwecks Aussteckung des Meridianes hätte man nun lediglich in der Richtung der Visierebene, tunlichst weit vom Instrumentenstandpunkte A eine passend stabilisierte Marke (Myre) anzubringen.

Bei fehlerhaftem Instrumente sind die sich ergebenden falschen Horizontalkreisablesungen mit entsprechenden Korrektionen zu versehen.

Angenommen es sei c der Kollimationsfehler, i der Kippachsenfehler des verwendeten Theodolits für „Kreis links", ferner seien l_1 bzw. l_2 die den korrespondierenden Positionen G_1 bzw. G_2 entsprechenden Horizontalkreisablesungen in „Kreis links", dann wird

$$(6) \qquad \begin{cases} \lambda_1 = l_1 + \dfrac{i}{\operatorname{tg} z} + \dfrac{c}{\sin z} \\ \lambda_2 = l_2 + \dfrac{i}{\operatorname{tg} z} + \dfrac{c}{\sin z} \end{cases}$$

$$(7) \qquad \lambda_0 = \frac{\lambda_1 + \lambda_2}{2} = \frac{l_1 + l_2}{2} + \frac{i}{\operatorname{tg} z} + \frac{c}{\sin z}.$$

Um die durch (7) definierte fehlerfreie Meridian-Horizontalkreisablesung berechnen zu können, muß ganz abgesehen von Kippachsenfehler und Kollimationsfehler auch die Zenitdistanz z bekannt sein, unter welcher der Stern beobachtet wurde. Man muß daher die Zenitdistanz z mindestens auf Minuten genau am Vertikalkreise des Theodolits ablesen und notieren.

Dieser rechnungsmäßigen Berücksichtigung der Instrumentalfehler wird häufig die *„mechanische Fehlereliminierung"* vorgezogen, welche durch Messung in zwei Kreislagen bewerkstelligt wird.

Dabei ist Position G_1 in „Kreis links", Position G_2 in „Kreis rechts" zu beobachten.

Hierzu ist jedoch erforderlich, der Zielachse des Theodolits in „Kreis rechts" dieselbe Neigung gegen den Horizont zu erteilen,

§ 19. Meridianbestimmung aus korrespondierenden Fixsternhöhen

die sie früher in „Kreis links" im Augenblicke der Beobachtung innehatte.

Dies kann in folgender Weise erzielt werden:

Ist z_l das Nonienmittel aus den Vertikalkreisablesungen in „Kreis links" und 0 der schon vor Beginn der Meridianbestimmung ermittelte, nunmehr als bekannt vorausgesetzte „Ort des Zenits", so wird der fehlerfreie Wert der Zenitdistanz

$$(8) \qquad z = z_l - 0.$$

Bezeichnet man das der Zenitdistanz z entsprechende Nonienmittel in „Kreis rechts" mit z_r, so besteht bekanntlich die Gleichung:

$$z = (360^0 - z_r) + 0,$$
$$(9) \quad \text{woraus folgt:} \quad z_r = (360^0 - z) + 0.$$

Auf dieses nach (9) berechnete z_r ist das Vertikalkreis-Nonienmittel in „Kreis rechts" bei einspielender Versicherungslibelle einzustellen, damit die Zielachsenneigung gegen den Horizont in „Kreis rechts" dieselbe sei wie vorher in „Kreis links".

Wird nun mit der Vertikalkreisablesung z_r die korrespondierende Beobachtung gemacht und bedeutet r_1 die zugeordnete Horizontalkreisablesung, so wird die fehlerfreie Horizontalkreisablesung:

$$\lambda_2 = (r_1 \mp 180^0) - \frac{i}{\operatorname{tg} z} - \frac{c}{\sin z},$$

und dieser Wert mit der ersten Gleichung von (6) kombiniert liefert die fehlerfreie **Meridian-Horizontalkreisablesung**:

$$(10) \qquad \lambda_0 = \frac{\lambda_1 + \lambda_2}{2} = \frac{l_1 + (r_1 \mp 180^0)}{2}.$$

Wie man sieht, wird bei diesem Verfahren der Einfluß des Kollimations- und Kippachsenfehlers in der Tat mechanisch eliminiert.

Bemerkungen: Aus Genauigkeitsgründen pflegt man die Beobachtungen zu vervielfältigen.

Man beobachtet in „Kreis links" den Fixstern der Reihe nach unter den Zenitdistanzen $z_1, z_2, \cdots z_n$, für welche die Horizontalkreisablesungen $l_1, l_2, \cdots l_n$ resultieren. Sodann schlägt man durch und ermittelt in „Kreis rechts" unter den korrespondierenden Zenitdistanzen die zugeordneten Horizontalablesungen $r_1, r_2, \cdots r_n$. Hernach berechnet man der Reihe nach entsprechend der Formel (10) die Werte:

$$(11) \quad \begin{cases} \lambda_{01} = \dfrac{l_1 + (r_1 \mp 180^0)}{2}, \quad \lambda_{02} = \dfrac{l_2 + (r_2 \mp 180^0)}{2}, \\ \qquad \lambda_{0n} = \dfrac{l_n + (r_n \mp 180^0)}{2}. \end{cases}$$

Aus diesen findet man durch Mittelbildung den wahrscheinlichsten Wert für die fehlerfreie **Meridian-Horizontalkreisablesung**:

$$(12) \qquad \lambda_0 = \frac{\lambda_{01} + \lambda_{02} + \cdots + \lambda_{0n}}{n}.$$

Die Fixierung des Meridians im Beobachtungsorte A kann indirekt nach Figur 37 auch so durchgeführt werden:

Man beobachtet einen markanten Fixpunkt $\diamondsuit$ des Terrains (Kirchturmspitze) in beiden Kreislagen und gewinnt durch Mittelbildung aus den zugeordneten Horizontalkreisablesungen L und R die fehlerfreie Richtungsablesung:

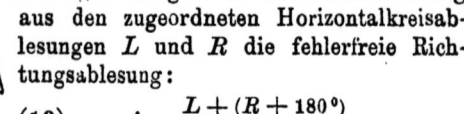

$$(13) \qquad \lambda = \frac{L + (R \pm 180^\circ)}{2}.$$

Da die Meridianablesung λ_0 bereits bekannt ist, kann man das Azimut der Richtung $\overrightarrow{(A\diamondsuit)}$ berechnen:

$$(14) \qquad a = \lambda - \lambda_0.$$

Damit ist aber auch die Lage des Meridians festgelegt.

Fig. 37.

§ 20. Meridianbestimmung aus korrespondierenden Sonnenhöhen.

Prinzipiell stimmt dieses Verfahren mit der Meridianbestimmung aus korrespondierenden Fixsternhöhen überein. Zu beachten ist aber der Umstand, daß infolge der veränderlichen Sonnendeklination gleichen Zenitdistanzen bzw. gleichen Höhen der Sonne vor und nach der Kulmination durchaus nicht symmetrische Positionen gegen den Meridian entsprechen.

In Figur 38 ist A der Beobachtungsort und der um A geschlagene Kreis der Horizontalkreis des Universales.

Ferner ist: 1 die erste beobachtete Sonnenposition vor der Kulmination, λ_1 die zugeordnete Horizontalkreisablesung; 2 die korrespondierende Sonnenposition nach der Kulmination, λ_2 die zugeordnete Horizontalkreisablesung.

Wäre die Sonnendeklination konstant, dann würde die Sonne den Kreisbogen $\widehat{1\,\text{II}}$ beschreiben, dessen Endpunkte 1 und II gegen den Meridian des Beobachtungsortes A symmetrisch liegen.

Bezeichnet man die Horizontalkreisablesung, welche der fingierten Sonnenstellung II zugeordnet ist, mit λ_{II}, so erhält man für die dem Meridiane entsprechende Horizontalkreisablesung den Wert:

$$(1) \qquad \lambda_0 = \frac{\lambda_1 + \lambda_{II}}{2}.$$

§ 20. Meridianbestimmung aus korrespondierenden Sonnenhöhen 71

Infolge der veränderlichen Sonnendeklination beschreibt aber die Sonne gar nicht den Bogen $\widehat{1\,II}$, sondern sie beschreibt vielmehr
bei zunehmender Deklination die Kurve $\widehat{1\,2'}$,
bei abnehmender Deklination die Kurve $\widehat{1\,2''}$.

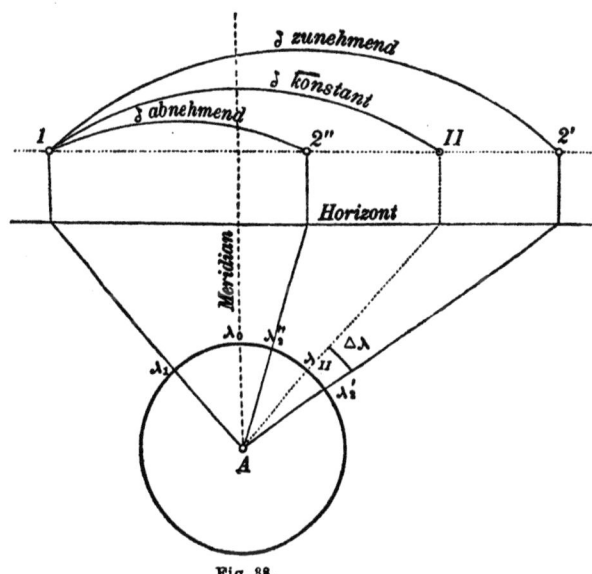

Fig. 38.

Im ersten Falle liefert die korrespondierende Beobachtung die Horizontalkreisablesung λ_2', und es ist einleuchtend, daß das arithmetische Mittel $\frac{\lambda_1 + \lambda_2'}{2} > \lambda_0$ sein muß.

Im zweiten Falle dagegen liefert die korrespondierende Beobachtung die Horizontalkreisablesung λ_2'', und es wird das arithmetische Mittel $\frac{\lambda_1 + \lambda_2''}{2} < \lambda_0$ sein.

Zusammenfassend erhält man also folgendes Resultat:

Ist λ_1 die Horizontalkreisablesung für die erste, λ_2 die Horizontalkreisablesung für die zugeordnete korrespondierende Sonnenposition, ferner λ_0 die fehlerfreie Meridianablesung, so wird das arithmetische Mittel

$$\lambda_m = \frac{\lambda_1 + \lambda_2}{2} \gtrless \lambda_0,$$

je nachdem die Sonnendeklination in dem Zeitintervalle zwischen den beiden Beobachtungen $\genfrac(){}{}{zunimmt}{abnimmt}$.

III. Meridian- und Zeitbestimmung

Die Meridianablesung λ_0 kann aus dem arithmetischen Mittel λ_m durch Anbringung eines Korrektionsgliedes, der sogenannten Meridianverbesserung erhalten werden.

Ist nämlich a_1 das Azimut der Position 1, a_2 das Azimut der Position 2′ und $\Delta\lambda$ die Azimutaldifferenz zwischen II und 2′, so wird nach Figur 38:

(2) $\Delta\lambda = \lambda_2' - \lambda_{II} = a_2 - (360^0 - a_1) = a_1 + a_2 - 360^0,$

$\lambda_2' = \lambda_{II} + a_1 + a_2 - 360^0.$

Somit $\lambda_m = \dfrac{\lambda_1 + \lambda_2'}{2} = \dfrac{\lambda_1 + \lambda_{II}}{2} + \dfrac{a_1 + a_2 - 360^0}{2}$

$\stackrel{(1)}{=} \lambda_0 + \dfrac{a_1 + a_2 - 360^0}{2} = \lambda_0 + \dfrac{\Delta\lambda}{2}.$

(3) Daraus $\lambda_0 = \lambda_m - \dfrac{\Delta\lambda}{2}.$

Daraus erkennt man, daß $\dfrac{\Delta\lambda}{2}$ nichts anderes ist als die gesuchte Meridianverbesserung.

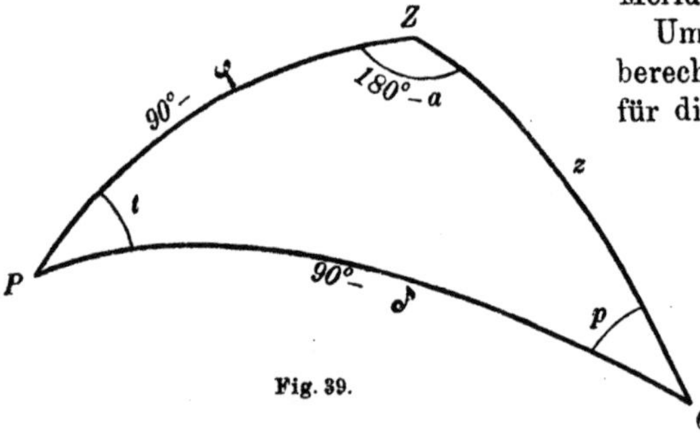

Um einen ziffernmäßig berechenbaren Ausdruck für dieselbe zu gewinnen, betrachte man das Positionsdreieck in Figur 39. Nach diesem wird ganz allgemein:

$\sin\delta = \sin\varphi \cos z - \cos\varphi \sin z \cdot \cos a.$

Fig. 39.

Sind also δ_1 bzw. δ_2 die Sonnendeklinationen in den Positionen 1 bzw. 2′, so wird

für Position 1 $\quad \sin\delta_1 = \sin\varphi \cos z - \cos\varphi \sin z \cdot \cos a_1,$

für Position 2′ $\quad \sin\delta_2 = \sin\varphi \cos z - \cos\varphi \sin z \cos a_2,$

$\overline{\sin\delta_1 - \sin\delta_2 = \sin z \cdot \cos\varphi \cdot (\cos a_2 - \cos a_1),}$

$\sin\dfrac{\delta_1 - \delta_2}{2} \cos\dfrac{\delta_1 + \delta_2}{2} = -\sin z \cos\varphi \sin\dfrac{a_2 - a_1}{2} \sin\dfrac{a_2 + a_1}{2},$

(4) $\sin\dfrac{\delta_2 - \delta_1}{2} \cdot \cos\dfrac{\delta_2 + \delta_1}{2} = \sin z \cos\varphi \cdot \sin\dfrac{a_2 - a_1}{2} \cdot \sin\dfrac{a_2 + a_1}{2}.$

Da die tägliche Deklinationsänderung der Sonne im Maximum nicht einmal 25′ erreicht, so sind die Deklinationswerte δ_1 und δ_2 nur wenig verschieden; mithin müssen die Ausdrücke $(\delta_2 - \delta_1)$ und $a_2 - (360^0 - a_1) = a_1 + a_2 - 360^0$ kleine Größen sein.

§ 20. Meridianbestimmung aus korrespondierenden Sonnenhöhen

Mithin ist man auch berechtigt, nachstehende näherungsweisen Annahmen zu machen:

(5) $\begin{cases} \sin\dfrac{\delta_2-\delta_1}{2} \doteq \dfrac{\widehat{\delta_2-\delta_1}}{2}, \quad \cos\dfrac{\delta_2+\delta_1}{2} \doteq \cos\delta_2, \\ \sin\dfrac{a_2+a_1}{2} = \sin\dfrac{360^0-(a_1+a_2)}{2} \doteq \dfrac{\widehat{2\pi-(a_1+a_2)}}{2}, \\ \sin\dfrac{a_2-a_1}{2} \doteq \sin\dfrac{a_2-(360-a_2)}{2} = \sin(a_2-180^0) = -\sin a_2. \end{cases}$

Damit findet man aus (4):

$$\dfrac{\widehat{\delta_2-\delta_1}}{2}\cdot\cos\delta_2 \doteq -\dfrac{\widehat{2\pi-(a_1+a_2)}}{2}\cdot\sin z\cdot\cos\varphi\cdot\sin a_2,$$

oder im Winkelmaße:

$(\delta_2-\delta_1)\cos\delta_2 \doteq -[360^0-(a_1+a_2)]\cdot\sin z\cdot\cos\varphi\sin a_2$
$\stackrel{(2)}{=} \varDelta\lambda\cdot\sin z\cdot\cos\varphi\cdot\sin a_2,$

(6) daraus wird: $\dfrac{\varDelta\lambda}{2} \doteq \dfrac{\delta_2-\delta_1}{2}\cdot\dfrac{\cos\delta_2}{\sin z}\cdot\dfrac{1}{\cos\varphi\cdot\sin a_2}.$

Aus dem Positionsdreiecke (Figur 39) folgt nach dem Sinussatze:

$$\dfrac{\sin(90-\delta)}{\sin z} = \dfrac{\sin(180-a)}{\sin t}, \quad \text{also wird} \quad \dfrac{\cos\delta}{\sin z} = \dfrac{\sin a}{\sin t}.$$

Diese Formel auf die Sonnenposition $2'$ angewendet, gibt:

$$\dfrac{\cos\delta_2}{\sin z} = \dfrac{\sin a_2}{\sin t_2}.$$

(7) Mithin übergeht (6) in: $\dfrac{\varDelta\lambda}{2} \doteq \dfrac{\delta_2-\delta_1}{2\cos\varphi\sin t_2}.$

Ist τ^h das zwischen den korrespondierenden Beobachtungen verstrichene, in mittleren Zeitstunden ausgedrückte Zeitintervall, so wird im Gradmaße ausgedrückt:

(8) $$\tau^0 = 15\cdot\tau^h,$$

und es ist einleuchtend, daß der Stundenwinkel der Sonne in der Position $2'$ näherungsweise gleich ist dem Winkel $\dfrac{\tau^0}{2}$. Man hat also die Beziehung

(9) $$t_2 \doteq \dfrac{\tau^0}{2}.$$

Um endlich noch die dem Zeitintervalle τ^h entsprechende Deklinationsänderung $(\delta_2-\delta_1)$ numerisch zu berechnen, benutzt man geradlinige Interpolation; d. h. man entnimmt den Ephemeriden die tägliche Deklinationsänderung der Sonne für das Datum des Be-

III. Meridian- und Zeitbestimmung

obachtungstages, bezeichnet dieselbe mit $\varDelta \delta$ und setzt nachstehende Proportion an: $24^h : \tau^h = \varDelta \delta : (\delta_2 - \delta_1)$.

(10) Daraus wird: $\delta_2 - \delta_1 = \dfrac{\tau^h}{24^h} \cdot \varDelta \delta$.

(9) und (10) in (7) eingesetzt, liefert für die Meridianverbesserung den Ausdruck:

(11) $$\frac{\varDelta \lambda}{2} = \frac{\tau^h}{48^h} \cdot \frac{\varDelta \delta}{\cos \varphi \cdot \sin \left(\frac{\tau^0}{2}\right)},$$

und dies in (3) eingesetzt gibt die Meridian-Horizontalkreisablesung:

(12) $$\lambda_0 = \frac{\lambda_1 + \lambda_2}{2} - \frac{\tau^h}{48^h} \cdot \frac{\varDelta \delta}{\cos \varphi \cdot \sin \left(\frac{\tau^0}{2}\right)}.$$

Vorgang bei der Beobachtung. In „Kreis links" wird die aufsteigende Sonne bei beliebiger Zenitdistanz z so eingestellt, daß die in der Bewegung vorangehenden Sonnenränder die Fäden des Fadenkreuzes berühren.

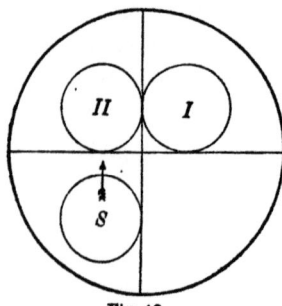

Fig. 40.

Der Beobachter am Okulare sieht dann das Sonnenbild im Fernrohre in der Stellung I (Figur 40).

Für diese Stellung macht man: die Uhrablesung u_1, die Horizontalkreisablesung l, die Vertikalkreisablesung z_i samt Ablesungen an der Versicherungslibelle. — Schließlich ein Kippachsennivellement, zur Berechnung des Kippachsenfehlers i_1.

Aus den Ablesungen der Versicherungslibelle bzw. aus der Vertikalkreisablesung z_i berechnet man unter Berücksichtigung des Indexfehlers bzw. Ortes des Zenits die fehlerfreie Zenitdistanz z.

Hernach findet man die fehlerfreie Horizontalkreisablesung λ_1 nach der Formel:

(13) $$\lambda_1 = l + \frac{i_1}{\operatorname{tg} z} + \frac{c_l}{\sin z} - \frac{R}{\sin z},$$

wobei i_1 den Kippachsenfehler, c_l den in „Kreis links" auftretenden Kollimationsfehler des Instrumentes und R den Sonnenradius bedeutet, der aus den Ephemeriden entnommen werden kann.

In „Kreis rechts" erfolgt die korrespondierende Beobachtung. Hierbei stellt man nach dem bei korrespondierenden Fixsternbeobachtungen angegebenen Verfahren die Zielachse auf dieselbe Zenitdistanz ein, die sie früher in „Kreis links" innehatte, und

§ 21. Bestimmung des Azimuts der größten Sonnenhöhe

wartet ab, bis die niedergehende Sonne jenseits ihrer Kulmination wieder im Gesichtsfelde des Fernrohres erscheint.

Ist dies geschehen, dann bringt man lediglich durch Horizontalbewegung des Theodolits zunächst einmal das Sonnenbild in eine solche Stellung S, bei welcher der nachgehende, östliche Sonnenrand den Vertikalfaden berührt.

Hierauf verfolgt man das Gestirn durch Betätigung der Horizontalfeinschraube derart, daß es langsam am Vertikalfaden emporzugleiten scheint, und bricht diese Verfolgung in jenem Augenblicke ab, in dem der nachgehende obere Sonnenrand den Horizontalfaden berührt.

Die diesem Augenblicke entsprechende Sonnenstellung ist in Figur 40 mit II bezeichnet und die zugeordneten korrespondierenden Beobachtungswerte sind: Uhrablesung u_2, Horizontalkreisablesung r, durch Achsennivellement bestimmter Kippachsenfehler i_2.

Aus diesen Beobachtungsgrößen berechnet man einerseits die fehlerfreie Horizontalkreisablesung:

$$(14) \quad \lambda_2 = (r \pm 180^0) + \frac{i_2}{\text{tg } z} - \frac{c_l}{\sin z} + \frac{R}{\sin z},$$

andererseits das zwischen den korrespondierenden Beobachtungen verstrichene Zeitintervall:

$$\tau^h = (u_2^h + 12^h) - u_1^h$$

bzw. den zugeordneten Winkelwert:

$$\tau^0 = 15 \cdot \tau^h.$$

Werden die nach (13) und (14) berechneten Werte von λ_1 und λ_2 in die Formel (12) eingesetzt, so erhält man:

$$(15) \quad \lambda_0 = \frac{l + (r \pm 180^0)}{2} + \frac{1}{2} \frac{i_1 + i_2}{\text{tg } z} - \frac{\tau^h}{48^h} \cdot \frac{\varDelta \delta}{\cos \varphi \cdot \sin \left(\frac{\tau^0}{2}\right)}$$

Daraus erkennt man, daß bei Anwendung dieses Verfahrens die Kenntnis des Kollimationsfehlers c_1 und des Sonnenhalbmessers R überflüssig ist, weil diese Größen in der Endformel (15) überhaupt nicht auftreten.

§ 21. **Bestimmung des Azimuts der größten Sonnenhöhe.**
Würde man die Meridianbestimmung aus korrespondierenden Sonnenhöhen S_1 und S_2 unendlich nahe der größten Sonnenhöhe S vornehmen (Figur 41), dann wäre das Zeitintervall zwischen den korrespondierenden Beobachtungen unendlich klein; mit anderen Worten, dann wäre:
$$\lim \tau^h = 0.$$

III. Meridian- und Zeitbestimmung

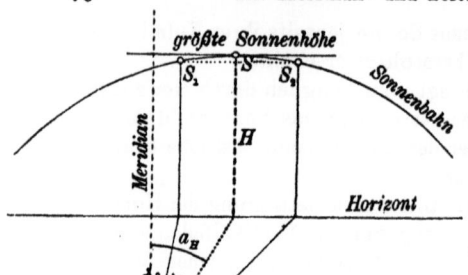

Fig. 41.

Anderseits müßten die am Horizontalkreise erscheinenden Ablesungen λ_1 und λ_2 unendlich wenig differieren; das heißt es wäre:

$$\lim_{\tau=0} \lambda_1 = \lim_{\tau=0} \lambda_2 = \lambda,$$

wenn mit λ jene Horizontalkreisablesung bezeichnet wird, die der größten Sonnenhöhe H entspricht.

Für die Meridianablesung λ_0 erhält man unter diesen Annahmen nach Formel (12):

$$\lambda_0 = \lim_{\tau=0} \frac{\lambda_1 + \lambda_2}{2} - \lim_{\tau=0} \frac{\tau^h}{48^h} \cdot \frac{\Delta \delta}{\cos \varphi \cdot \sin \left(\frac{\tau^0}{2}\right)}.$$

Nun ist $\dfrac{\tau^h}{48^h} = \dfrac{\widehat{\tau}}{4\pi}$ und $\sin \dfrac{\tau^0}{2} = \sin \dfrac{\widehat{\tau}}{2}$,

somit kommt:

$$\lambda_0 = \lambda - \lim_{\tau=0} \frac{\widehat{\tau}}{4\pi} \cdot \frac{\Delta \delta}{\cos \varphi \cdot \sin \frac{\widehat{\tau}}{2}} = \lambda - \frac{\Delta \delta}{4\pi \cdot \cos \varphi} \cdot \lim_{\tau=0} \frac{\widehat{\tau}}{\sin \frac{\widehat{\tau}}{2}},$$

(16) oder $\qquad \lambda_0 = \lambda - \dfrac{\Delta \delta}{2\pi \cdot \cos \varphi}.$

Bezeichnet man also das Azimut der größten Sonnenhöhe mit a_H, so wird:

(17) $\qquad a_H = \lambda - \lambda_0 = \dfrac{\Delta \delta}{2\pi \cdot \cos \varphi}.$

§ 22. Zeitbestimmung aus korrespondierenden Fixsternhöhen.

Ein und derselbe Fixstern wird vor und nach seiner Kulmination, also östlich und westlich vom Meridiane, unter derselben Zenitdistanz z bzw. Höhe h beobachtet.

In den Augenblicken, wo er das Fadenkreuz des Universales passiert, werden die zugeordneten Uhrablesungen u_1, bzw. u_2 gemacht.

In Figur 42 entspreche der Uhrablesung u_1 die Position 1 (östlich vom Meridiane), der Uhrablesung u_2 die Position 2 (westlich vom Meridiane).

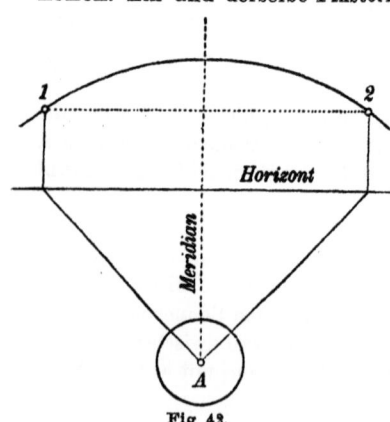

Fig 42.

§ 23. Zeitbestimmung aus korrespondierenden Sonnenhöhen   77

Ist σ_1 die Standkorrektion der Uhr für die Uhrzeit u_1
σ_2 die Standkorrektion der Uhr für die Uhrzeit u_2,

(1) so wird: $\begin{cases} \text{die mittlere Zeit für die Position 1: } M_1 = u_1 + \sigma_1 \\ \text{die mittlere Zeit für die Position 2: } M_2 = u_2 + \sigma_2 \end{cases}$

Aus der gleichförmigen Bewegung des Gestirnes folgt unmittelbar, daß dem Meridiandurchgange desselben bzw. dessen oberer Kulmination die mittlere Zeit:

(2) $\quad M_K = \dfrac{M_1 + M_2}{2} = \dfrac{u_1 + u_2}{2} + \dfrac{\sigma_1 + \sigma_2}{2}$ entsprechen muß.

Nun ist aber im Meridiane der Stundenwinkel des Fixsternes bei der oberen Kulmination: $\quad t_K = 0;$

somit wird die Sternzeit der oberen Kulmination:

(3) $\quad\quad\quad S_K = t_K + \alpha = \alpha,$

wenn α die konstante Rektaszension des Fixternes bedeutet.

Bezeichnet man die Sternzeit im mittleren Mittage des Beobachtungsortes mit S_0, so erhält man für die mittlere Zeit der oberen Kulmination den Ausdruck:

(4) $\quad M_K = (S_K - S_0) \cdot 0{\cdot}997\,269\,56 \stackrel{(3)}{=} (\alpha - S_0) \cdot 0{\cdot}997\,269\,56.$

Durch Gleichsetzung der rechtsseitigen Ausdrücke (2) und (4) findet man:

(5) $\quad \sigma_0 = \dfrac{\sigma_1 + \sigma_2}{2} = (\alpha - S_0) \cdot 0{\cdot}997\,269\,56 - \dfrac{u_1 + u_2}{2}.$

Diese Gleichung definiert die Standkorrektion σ_0, die dem Uhrzeitmittel $u_0 = \dfrac{u_1 + u_2}{2}$ zugeordnet ist.

Bemerkung: Die Einstellung des Fixsternes auf den Mittelpunkt des Fadenkreuzes erfolgt nach dessen Auftauchen im Gesichtsfelde lediglich durch Horizontalfeinbewegung des Universales.

§ 23. Zeitbestimmung aus korrespondierenden Sonnenhöhen. Beobachtet man $\begin{Bmatrix} \text{entweder den oberen} \\ \text{oder den unteren} \end{Bmatrix}$ Sonnenrand östlich und westlich des Meridianes unter derselben Zenitdistanz z, dann entspricht dem arithmetischen Mittel aus den zugeordneten Beobachtungszeiten infolge Eigenbewegung der Sonne durchaus nicht der Meridiandurchgang bzw. die obere Kulmination des Gestirnes.

Vielmehr befindet sich die Sonne in diesem mittleren Zeitpunkte $\begin{pmatrix} \text{westlich} \\ \text{östlich} \end{pmatrix}$ vom Meridiane, je nachdem die Sonnendeklination in

III. Meridian- und Zeitbestimmung

dem zwischen den korrespondierenden Beobachtungen verstrichenen Zeitintervalle $\begin{pmatrix}\text{zunimmt}\\\text{abnimmt}\end{pmatrix}$.

Die Richtigkeit dieser Behauptung erkennt man unmittelbar aus Figur 43, in der angenommen wurde, daß die Sonnendeklination zunehme.

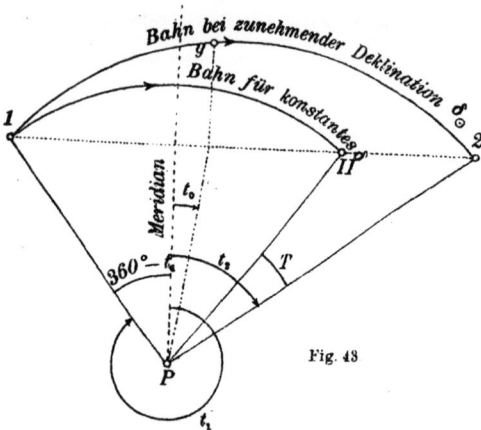

Fig. 43

Bei konstanter Deklination würde die gleiche Zenitdistanz westlich vom Meridiane in der Position II erreicht werden; infolge zunehmender Deklination jedoch tritt dies erst in der Position 2 ein.

Mithin entspricht dem arithmetischen Mittel der Beobachtungszeiten die Sonnenposition G, und es ist einleuchtend, daß der am Weltpole P gemessene, zugeordnete Stundenwinkel:

(1) $$t_0 = \frac{T}{2} \text{ ist.}$$

Der Position 1 entspricht die Uhrzeit u_1 bzw. mittlere Zeit:
$$M_1 = u_1 + \sigma_1 + 12^h,$$
der Position 2 entspricht die Uhrzeit u_2 bzw. mittlere Zeit:
$$M_2 = u_2 + \sigma_2 + 24^h,$$
wenn σ_1 und σ_2 die den Uhrzeiten u_1 bzw. u_2 entsprechenden Standkorrektionen vorstellen.

Bezeichnet man die der Position G entsprechende mittlere Zeit mit M_0, so wird:
$$M_0 = \frac{M_1 + M_2}{2} = \frac{u_1 + u_2 + 36^h}{2} + \frac{\sigma_1 + \sigma_2}{2}$$
$$= 12^h + \frac{u_1 + (12^h + u_2)}{2} + \frac{\sigma_1 + \sigma_2}{2}.$$

(2) $\begin{cases} \text{Setzt man nun: } \dfrac{u_1 + (12^h + u_2)}{2} = u_0, \\[4pt] \text{und} \quad \dfrac{\sigma_1 + \sigma_2}{2} = \sigma_0, \end{cases}$

(3) so wird $\qquad M_0 = 12^h + u_0 + \sigma_0.$

§ 23. Zeitbestimmung aus korrespondierenden Sonnenhöhen

Dabei ist σ_0 die dem Uhrzeitmittel u_0 zugeordnete, vorläufig noch unbekannte Standkorrektion.

Man nennt $u_0 = \dfrac{u_1 + (12^h + u_2)}{2}$ den unverbesserten Mittag, während die Uhrzeit der oberen Sonnenkulmination der wahre Mittag genannt wird.

Zwischen dem „wahren" und dem „unverbesserten Mittage" besteht die Relation:

(4) $\qquad$ **Wahrer Mittag** $= U_0 = u_0 - t_0^s$.

Der rechterhand von (4) auftretende Stundenwinkel $(-t_0)$ heißt *„Mittagsverbesserung"*.

Da allgemein: Mittlere Zeit = wahre Zeit + Zeitgleichung, so wird die mittlere Zeit des unverbesserten Mittags:

$$M_0 = (24^h + t_0^s) + \zeta_0 \stackrel{(3)}{=} 12^h + u_0 + \sigma_0,$$

(5) daraus $\quad \sigma_0 = (12^h - u_0) + t_0^s + \zeta_0$.

Damit ist die Standkorrektion σ_0 definiert, die dem unverbesserten Mittage u_0 zugeordnet ist. Strenge genommen müßte auf der rechten Seite von (5) die Zeitgleichung ζ_0 eingesetzt werden, die dem unverbesserten Mittage entspricht; jedoch wird kein nennenswerter Fehler begangen, wenn man an Stelle dieser Zeitgleichung jene vom mittleren Mittage des Beobachtungsortes substituiert.

Damit sind auf der rechten Seite von (5) alle Größen mit Ausnahme des Stundenwinkels t_0 bekannt. Letzterer kann aber in nachstehender Weise ermittelt werden:

Nach dem Positionsdreiecke wird allgemein:

$$\cos z = \sin \varphi \sin \delta + \cos \varphi \cos \delta \cdot \cos t.$$

Ergo wird für Position 1:

$$\cos z = \sin \varphi \sin \delta_1 + \cos \varphi \cos \delta_1 \cdot \cos t_1$$

und für Position 2:

$$\cos z = \sin \varphi \sin \delta_2 + \cos \varphi \cos \delta_2 \cdot \cos t_2.$$

Daraus:

$$0 = \sin \varphi (\sin \delta_1 - \sin \delta_2) + \cos \varphi (\cos \delta_1 \cos t_1 - \cos \delta_2 \cos t_2),$$

(6) oder $\quad \cos \delta_2 \cos t_2 - \cos \delta_1 \cos t_1 = 2 \operatorname{tg} \varphi \cdot \sin \dfrac{\delta_1 - \delta_2}{2} \cos \dfrac{\delta_1 + \delta_2}{2}$.

Da nach Figur 43: $t_2 = (360^\circ - t_1) + T$,

so wird: $\quad \cos t_2 = \cos(360 - t_1) \cos T - \sin(360 - t_1) \sin T$

$\qquad\qquad = \cos t_1 \cos T + \sin t_1 \sin T$,

oder genähert: $\quad \cos t_2 \doteq \cos t_1 + \widehat{T} \cdot \sin t_1$,

III. Meridian- und Zeitbestimmung

dies in (6) eingesetzt liefert:

$$\cos t_1 \cdot (\cos \delta_2 - \cos \delta_1) + \widehat{T} \cdot \sin t_1 \cos \delta_2 \doteq 2 \operatorname{tg} \varphi \cdot \sin \frac{\delta_1 - \delta_2}{2} \cos \frac{\delta_1 + \delta_2}{2}$$

$$= -2 \cos t_1 \cdot \sin \frac{\delta_2 - \delta_1}{2} \sin \frac{\delta_2 + \delta_1}{2} + \widehat{T} \cdot \sin t_1 \cos \delta_2$$

$$\doteq -2 \operatorname{tg} \varphi \cdot \sin \frac{\delta_2 - \delta_1}{2} \cos \frac{\delta_2 + \delta_1}{2}$$

(7) $\displaystyle \widehat{T} \doteq \frac{2 \cdot \sin \dfrac{\delta_2 - \delta_1}{2}}{\sin t_1 \cos \delta_2} \cdot \left(\cos t_1 \sin \frac{\delta_2 + \delta_1}{2} - \operatorname{tg} \varphi \cdot \cos \frac{\delta_2 + \delta_1}{2} \right).$

Da δ_1 und δ_2 nur wenig verschieden sind, ist es statthaft zu setzen:

$$\sin \frac{\delta_2 - \delta_1}{2} \doteq \frac{\widehat{\delta_2 - \delta_1}}{2}, \quad \sin \frac{\delta_2 + \delta_1}{2} \doteq \sin \delta_0, \quad \cos \frac{\delta_2 + \delta_1}{2} \doteq \cos \delta_0,$$

wenn δ_0 die Sonnendeklination im mittleren Mittage des Beobachtungsortes bedeutet. — Damit folgt aus (7):

$$\widehat{T} \doteq \frac{\widehat{\delta_2 - \delta_1}}{\sin t_1 \cos \delta_2} (\cos t_1 \sin \delta_0 - \operatorname{tg} \varphi \cdot \cos \delta_0).$$

Setzt man nun noch im Nenner des rechtsseitigen Ausdruckes: $\cos \delta_2 \doteq \cos \delta_0$, so kommt:

(8) $\qquad T'' = (\delta_2 - \delta_1)'' \cdot \left(\dfrac{\operatorname{tg} \delta_0}{\operatorname{tg} t_1} - \dfrac{\operatorname{tg} \varphi}{\sin t_1} \right).$

Bezeichnet man das in Stunden ausgedrückte Zeitintervall zwischen den korrespondierenden Beobachtungen mit τ^h, dann wird der diesem Intervalle zugeordnete Winkel: $\tau^0 = 15 \cdot \tau^h$; mit diesem Winkel aber erhält man die Beziehungen:

(9) $\quad \begin{cases} \operatorname{tg} t_1 = -\operatorname{tg}(360^0 - t_1) \doteq -\operatorname{tg}\left(\dfrac{\tau^0}{2}\right), \\ \sin t_1 = -\sin(360 - t_1) = -\sin\left(\dfrac{\tau^0}{2}\right). \end{cases}$

Ist ferner $\varDelta \delta''$ die den Ephemeriden entnommene Deklinationsänderung pro 24^h, so besteht die Proportion:

$$\varDelta \delta'' : (\delta_2 - \delta_1)'' = 24^h : \tau^h,$$

(10) woraus folgt: $\quad (\delta_2 - \delta_1)'' = \dfrac{\tau^h}{24^h} \cdot \varDelta \delta''.$

(9) und (10) in (8) eingesetzt liefert:

(11) $\qquad T'' = \dfrac{\tau^h}{24^h} \cdot \varDelta \delta'' \cdot \left(\dfrac{\operatorname{tg} \varphi}{\sin\left(\dfrac{\tau^0}{2}\right)} - \dfrac{\operatorname{tg} \delta_0}{\operatorname{tg}\left(\dfrac{\tau^0}{2}\right)} \right),$

§ 23. Zeitbestimmung aus korrespondierenden Sonnenhöhen

oder im Zeitmaße ausgedrückt:

$$(12) \quad T^s = \frac{\tau^h}{24^h} \cdot \frac{\varDelta \delta''}{15} \cdot \left(\frac{\operatorname{tg} \varphi}{\sin \frac{\tau^0}{2}} - \frac{\operatorname{tg} \delta_0}{\operatorname{tg} \frac{\tau^0}{2}} \right).$$

Damit findet man nach Gleichung (1) für die im Zeitmaße ausgedrückte Mittagsverbesserung den Ausdruck:

$$(13) \quad t_0^s = \frac{T^s}{2} = \frac{1}{2} \cdot \frac{\tau^h}{24^h} \cdot \frac{\varDelta \delta''}{15} \cdot \left(\frac{\operatorname{tg} \varphi}{\sin \frac{\tau^0}{2}} - \frac{\operatorname{tg} \delta_0}{\operatorname{tg} \frac{\tau^0}{2}} \right)$$

(δ_0 = Deklination der Sonne im mittleren Mittag).

Nach Berechnung der Mittagsverbesserung aus Formel (13) erhält man die dem Uhrzeitmittel $u_0 = \dfrac{u_1 + (12^h + u_2)}{2}$ zugeordnete Standkorrektion σ_0 aus (5).

In ganz analoger Weise kann man die erste Beobachtung am Nachmittage eines beliebigen Tages (westlich vom Meridiane) und die zugeordnete korrespondierende Beobachtung am Vormittage des folgenden Tages (östlich vom Meridiane) vornehmen. — Die diesbezüglichen Verhältnisse sind in Figur 44 zur Darstellung gebracht.

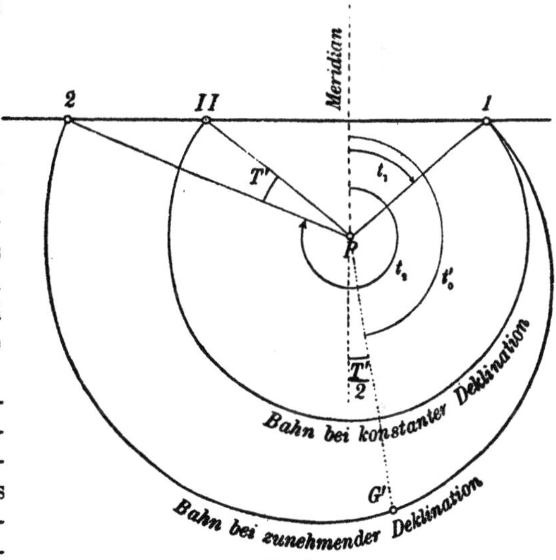

Fig. 44.

Der Position 1 entspreche die Uhrzeit u_1', bzw. die mittlere Zeit:
$$M_1' = u_1' + \sigma_1';$$
der Position 2 entspreche die Uhrzeit u_2', bzw. die mittlere Zeit:
$$M_2' = u_2' + \sigma_2' + 12^h.$$

$$(14) \quad \text{Das Uhrzeitmittel:} \quad u_0' = \frac{u_1' + (u_2' + 12^h)}{2}$$

heißt „*unverbesserte Mitternacht*", während die Uhrzeit der unteren Sonnenkulmination die „*wahre Mitternacht*" genannt wird.

III. Meridian- und Zeitbestimmung

Die der unverbesserten Mitternacht zugeordnete mittlere Zeit ist:

(15) $\quad M_0' = \dfrac{M_1' + M_2'}{2} = \dfrac{u_1' + (u_2' + 12^h)}{2} + \dfrac{\sigma_1' + \sigma_2'}{2} = u_0' + \sigma_0',$

wobei $\sigma_0' = \dfrac{\sigma_1' + \sigma_2'}{2}$ die dem Uhrzeitmittel u_0' zugeordnete Standkorrektion bedeutet.

Da die Sonnendeklination als zunehmend angenommen wurde, muß die Sonne die korrespondierende Höhe in Position 2 früher erreichen, als wenn ihre Deklination konstant wäre.

Ist also τ^h das in Stunden ausgedrückte Zeitintervall zwischen den korrespondierenden Beobachtungen, dann muß sich die Sonne nach Ablauf der Hälfte dieses Zeitintervalles in einer Position G' befinden, welche noch westlich vom Meridiane liegt und deren Stundenwinkel t_0' nach Figur 44 durch die Gleichung:

(16) $\quad\quad\quad\quad t_0' = 180^0 - \dfrac{T'}{2}\quad$ definiert ist.

Man kann die mittlere Zeit M_0', welche der unverbesserten Mitternacht entspricht, auch folgendermaßen ausdrücken:

(17) $\quad\quad\quad\quad\quad M_0' = t_0'^s + \zeta_0',$

wobei ζ_0' mit hinreichender Genauigkeit als die der mittleren Mitternacht entsprechende Zeitgleichung aufgefaßt werden darf.

Aus (15) und (17) folgt: $\quad u_0' + \sigma_0' = t_0'^s + \zeta_0',$

(18) also: $\quad\quad\quad \sigma_0' = t_0'^s + \zeta_0' - u_0'.$

Mithin ist die der unverbesserten Mitternacht u_0' zugeordnete Standkorrektion gefunden.

Um einen ziffermäßig berechenbaren Wert für $t_0'^s$ zu gewinnen, beachte man, daß (6) volle Gültigkeit besitzt, daß aber nach Figur 44 im vorstehenden Falle: $\quad t_2 = (360^0 - t_1) - T',$

also $\quad \cos t_2 = \cos t_1 \cos T' - \sin t_1 \sin T' \doteq \cos t_1 - \widehat{T'} \cdot \sin t_1 .$

Damit kommt nach (6):

$\cos t_1 (\cos \delta_2 - \cos \delta_1) = \widehat{T'} \cos \delta_2 \sin t_1 + 2\,\mathrm{tg}\,\varphi \sin\dfrac{\delta_1 - \delta_2}{2} \cos\dfrac{\delta_1 + \delta_2}{2},$

oder: $\widehat{T'} = \dfrac{2 \cdot \sin\dfrac{\delta_2 - \delta_1}{2}}{\cos \delta_2 \sin t_1} \cdot \left(\mathrm{tg}\,\varphi \cos\dfrac{\delta_1 + \delta_2}{2} - \cos t_1 \cdot \sin\dfrac{\delta_1 + \delta_2}{2}\right).$

Setzt man jetzt:

$\sin\dfrac{\delta_2 - \delta_1}{2} \doteq \widehat{\dfrac{\delta_2 - \delta_1}{2}}, \quad \sin\dfrac{\delta_1 + \delta_2}{2} \doteq \sin \delta_0',$

$\cos\dfrac{\delta_1 + \delta_2}{2} \doteq \cos \delta_0', \quad \cos \delta_2 \doteq \cos \delta_0',$

wobei δ_0' die Sonnendeklination in der mittleren Mitternacht bedeutet, so kommt:

(19) $$\widehat{T'} \doteq (\widehat{\delta_2 - \delta_1}) \cdot \left(\frac{\operatorname{tg} \varphi}{\sin t_1} - \frac{\operatorname{tg} \delta_0'}{\operatorname{tg} t_1} \right).$$

Nun ist noch:
$$\sin t_1 \doteq \sin\left(\frac{360^0 - \tau^0}{2}\right) = \sin\left(180^0 - \frac{\tau^0}{2}\right) = \sin\frac{\tau^0}{2},$$
$$\operatorname{tg} t_1 \doteq \operatorname{tg}\left(\frac{360^0 - \tau^0}{2}\right) = \operatorname{tg}\left(180^0 - \frac{\tau^0}{2}\right) = -\operatorname{tg}\frac{\tau^0}{2}$$

und nach (10): $(\delta_2 - \delta_1)'' = \frac{\tau^h}{24^h} \cdot \Delta \delta''.$

Damit übergeht (19) in:

(20) $$(T')'' = \frac{\tau^h}{24^h} \cdot \Delta \delta'' \cdot \left(\frac{\operatorname{tg} \varphi}{\sin \frac{\tau^0}{2}} + \frac{\operatorname{tg} \delta_0'}{\operatorname{tg} \frac{\tau^0}{2}} \right),$$

oder im Zeitmaße:

(21) $$T'^s = \frac{\tau^h}{24^h} \cdot \frac{\Delta \delta''}{15} \cdot \left(\frac{\operatorname{tg} \varphi}{\sin \frac{\tau^0}{2}} + \frac{\operatorname{tg} \delta_0'}{\operatorname{tg} \frac{\tau^0}{2}} \right).$$

Damit ist aber auch $t_0'^s$ gefunden, denn nach (16) wird:

(22) $$t_0'^s = 12^h - \frac{\tau^h}{48^h} \cdot \frac{\Delta \delta''}{15} \cdot \left(\frac{\operatorname{tg} \varphi}{\sin \frac{\tau^0}{2}} + \frac{\operatorname{tg} \delta_0'}{\operatorname{tg} \frac{\tau^0}{2}} \right).$$

Dies in (18) eingesetzt liefert die Standkorrektion σ_0' für die unverbesserte Mitternacht:
$$u_0' = \frac{u_1' + (u_2' + 12^h)}{2}.$$

Bezeichnet man die Uhrzeit der unteren Sonnenkulmination, also die wahre Mitternacht mit U_0', so wird hinreichend genau:

(23) $$U_0' = u_0 + \frac{T'^s}{2}.$$

Man nennt den Ausdruck:

(24) $$\frac{T'^s}{2} = \frac{\tau^h}{48} \cdot \frac{\Delta \delta''}{15} \left(\frac{\operatorname{tg} \varphi}{\sin \frac{\tau^0}{2}} + \frac{\operatorname{tg} \delta_0'}{\operatorname{tg} \frac{\tau_0}{2}} \right)$$

die „*Mitternachtsverbesserung*".

§ 24. Berechnung der Zeit der größten Sonnenhöhe.

Denkt man sich die Zeitbestimmung aus korrespondierenden Sonnenhöhen für immer größere und größere Sonnenhöhen durchgeführt, so werden die Zeitintervalle τ^h, die zwischen je zwei korrespondierenden Beobachtungen verstreichen, immer kleiner und kleiner.

Für $\lim \tau^h = 0$ aber fallen die korrespondierenden Sonnenhöhen in eine einzige zusammen, die mit der größten Sonnenhöhe identisch ist.

Im halben Zeitintervalle zwischen je zwei korrespondierenden Beobachtungen befindet sich die Sonne nach Figur 43 in einer Position G, welcher nach (13) der Stundenwinkel:

$$t_0^s = \frac{1}{2} \cdot \frac{\tau^h}{24^h} \cdot \frac{\Delta \delta''}{15} \cdot \left(\frac{\operatorname{tg} \varphi}{\sin \frac{\tau^0}{2}} - \frac{\operatorname{tg} \delta_0}{\operatorname{tg} \frac{\tau^0}{2}} \right) \text{ zugeordnet ist.}$$

Mithin wird der Stundenwinkel der größten Sonnenhöhe, der mit t_H^s bezeichnet werden möge, ausgedrückt durch nachstehende Gleichung:

$$t_H^s = \lim_{\tau=0} t_0^s = \frac{1}{2} \cdot \frac{\Delta \delta''}{15} \cdot \lim_{\tau=0} \frac{\tau^h}{24^h} \cdot \left(\frac{\operatorname{tg} \varphi}{\sin \frac{\tau^0}{2}} - \frac{\operatorname{tg} \delta_0}{\operatorname{tg} \frac{\tau^0}{2}} \right).$$

Beachtet man, daß

$$\sin \frac{\tau^0}{2} = \sin \frac{\widehat{\tau}}{2}, \quad \operatorname{tg} \frac{\tau^0}{2} = \operatorname{tg} \frac{\widehat{\tau}}{2} \quad \text{und} \quad \frac{\tau^h}{24^h} = \frac{\widehat{\tau}}{2\pi},$$

so kommt:

$$t_H^s = \frac{1}{2} \cdot \frac{\Delta \delta''}{15} \cdot \frac{1}{2\pi} \cdot \left(\operatorname{tg} \varphi \cdot \lim_{\tau=0} \frac{\widehat{\tau}}{\sin \frac{\widehat{\tau}}{2}} - \operatorname{tg} \delta_0 \cdot \lim_{\tau=0} \frac{\widehat{\tau}}{\operatorname{tg} \frac{\widehat{\tau}}{2}} \right)$$

$$= \frac{1}{2\pi} \cdot \frac{\Delta \delta''}{15} \cdot (\operatorname{tg} \varphi - \operatorname{tg} \delta_0).$$

Es wird also im Zeitmaße:

(25) $$t_H^s = \frac{1}{2\pi} \cdot \frac{\Delta \delta''}{15} (\operatorname{tg} \varphi - \operatorname{tg} \delta_0)$$

und im Winkelmaße:

(26) $$t_H'' = 15 \cdot t_H^s = \frac{\Delta \delta''}{2\pi} \cdot (\operatorname{tg} \varphi - \operatorname{tg} \delta_0).$$

Durch (25) oder (26) ist der Stundenwinkel der größten Sonnenhöhe bestimmt.

Nunmehr erhält man die mittlere Zeit der größten Sonnenhöhe, die mit M_H bezeichnet werden möge, nach der allgemein gültigen Beziehung:

Mittlere Zeit = Wahre Zeit + Zeitgleichung

$$M_H = t_H^s + \zeta_0,$$

wobei für ζ_0 mit hinreichender Genauigkeit die Zeitgleichung im mittleren Mittage des Beobachtungsortes gesetzt werden darf.

§ 25. Meridianbestimmung aus einzelnen Zenitdistanzen.

Gegeben ist von Haus aus: Die geographische Breite φ des Beobachtungsortes A, die Deklination δ des beobachteten Gestirnes im Momente der Beobachtung.

§ 25. Meridianbestimmung aus einzelnen Zenitdistanzen

Beobachtet wird am Universale: Die Zenitdistanz z in einem beliebigen Augenblicke und die zugeordnete Horizontalkreisablesung λ.

Zwecks Aufbringung der erforderlichen Korrektionen hat man vor Ablesung am Vertikalkreise die Versicherungslibelle entweder scharf zum Einspielen zu bringen oder aber an beiden Blasenenden die Ablesungen zu machen und aufzuschreiben.

Ferner ist ein Kippachsen-Nivellement vorzunehmen, das heißt die Kippachsenneigung gegen den Horizont mit Reiterlibelle zu ermitteln. Der hierbei einzuhaltende Vorgang ist bereits an anderem Orte ausführlich beschrieben worden.

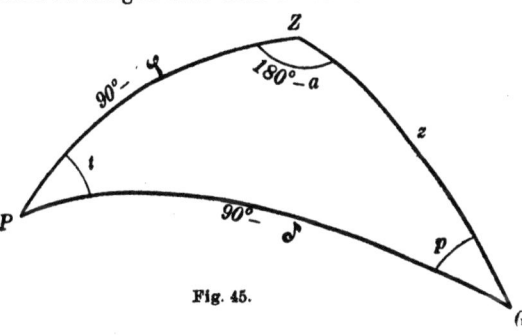

Fig. 45.

Aus dem Positionsdreiecke (Figur 45) folgt:

$$\cos(90-\delta) = \cos(90-\varphi)\cos z + \sin(90-\varphi)\sin z \cdot \cos(180^0-a),$$

$$\sin \delta = \sin\varphi \cos z - \cos\varphi \sin z \cdot \cos a,$$

(1) $$\cos a = \frac{\sin\varphi \cos z - \sin\delta}{\cos\varphi \sin z}.$$

Nach dieser Formel kann das Azimut a des Gestirnes G für den Moment der Beobachtung berechnet werden.

In der Regel aber wird Formel (1) noch logarithmisch brauchbar gemacht wie folgt:

$$1 - \cos a = 2\sin^2\frac{a}{2} = \frac{\cos\varphi \sin z - \sin\varphi \cos z + \sin\delta}{\cos\varphi \sin z}$$

$$= \frac{\sin(z-\varphi) + \sin\delta}{\cos\varphi \sin z} = 2 \cdot \frac{\sin\frac{z-\varphi+\delta}{2} \cos\frac{z-\varphi-\delta}{2}}{\cos\varphi \sin z},$$

$$1 + \cos a = 2\cos^2\frac{a}{2} = \frac{\cos\varphi \sin z + \sin\varphi \cos z - \sin\delta}{\cos\varphi \sin z}$$

$$= \frac{\sin(z+\varphi) - \sin\delta}{\cos\varphi \sin z} = 2\frac{\sin\frac{z+\varphi-\delta}{2} \cos\frac{z+\varphi+\delta}{2}}{\cos\varphi \sin z}.$$

Setzt man nun $z + \varphi + \delta = 2s,$

so wird: $\begin{cases} z - \varphi + \delta = 2(s-\varphi) \\ z - \varphi - \delta = -2(s-z) \\ z + \varphi - \delta = 2(s-\delta). \end{cases}$

86 III. Meridian- und Zeitbestimmung

Damit findet man:

$$(2) \quad \begin{cases} \sin \dfrac{a}{2} = \pm \sqrt{\dfrac{\sin(s-\varphi)\cos(s-z)}{\cos\varphi \sin z}}, \\ \cos \dfrac{a}{2} = \pm \sqrt{\dfrac{\sin(s-\delta)\cdot\cos s}{\cos\varphi \sin z}}. \end{cases}$$

Jede der beiden in (2) angegebenen Formeln kann zur Berechnung des Azimuts a verwendet werden; häufig aber wird der Quotient der Formeln (2) zur Berechnung von a herangezogen. Derselbe lautet:

$$(3) \quad \operatorname{tg}\dfrac{a}{2} = \pm \sqrt{\dfrac{\sin(s-\varphi)\cos(s-z)}{\sin(s-\delta)\cdot\cos s}}.$$

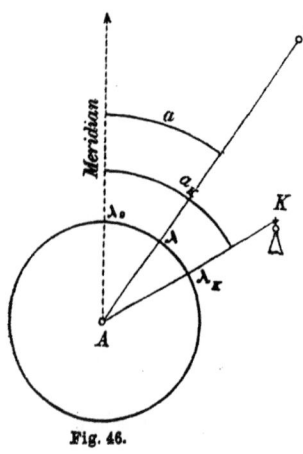

Fig. 46.

Hat man a ziffermäßig berechnet, dann findet man mit Hilfe der zur Beobachtung gehörigen Horizontalkreisablesung λ die dem Meridiane entsprechende Horizontalkreisablesung λ_0 nach Figur 46 aus der Gleichung:

$$(4) \quad \lambda_0 = \lambda - a.$$

Ist ferner K irgendein terrestrischer Höhenfixpunkt, zum Beispiel eine Kirchturmspitze, und bezeichnet man die der Visur auf K entsprechende Horizontalkreisablesung mit λ_K, so wird das Azimut der Richtung $(\overrightarrow{AK})$ gleich:

$$(5) \quad a_K = \lambda_K - \lambda_0 = \lambda_K - \lambda + a.$$

Fehleruntersuchung: Um festzustellen, wann die Beobachtungsverhältnisse am günstigsten sind, differenziere man (1) unter der Annahme, daß δ eine Konstante sei. Man erhält:

$$-\sin a\, da = \dfrac{-\cos\varphi \sin\varphi \sin^2 z - (\sin\varphi \cos z - \sin\delta)\cos\varphi \cos z}{\cos^2\varphi \sin^2 z} \cdot dz$$

$$= \dfrac{\sin\delta \cos z - \sin\varphi}{\cos\varphi \sin^2 z} \cdot dz.$$

Nach dem Positionsdreiecke (Figur 45) ist:

$$\sin\varphi = \sin\delta \cos z + \cos\delta \sin z \cdot \cos p.$$

Damit wird:

$$(6) \quad -\sin a\, da = -\dfrac{\cos\delta \sin z \cdot \cos p}{\cos\varphi \sin^2 z}\, dz = -\dfrac{\cos\delta \cos p}{\cos\varphi \sin z}\, dz.$$

§ 25. Meridianbestimmung aus einzelnen Zenitdistanzen

Nach dem Sinussatze ist für ein Gestirn westlich vom Meridiane:
$\frac{\cos \delta}{\cos \varphi} = \frac{\sin a}{\sin p}$, dagegen für ein Gestirn östlich vom Meridiane:
$\frac{\cos \delta}{\cos \varphi} = -\frac{\sin a}{\sin p}$, damit übergeht (6) in:

(7) $$da = \pm \frac{dz}{\sin z \cdot \mathrm{tg}\, p},$$

wobei das Zeichen $(\pm)$ gilt, je nachdem die Beobachtung $\begin{pmatrix}\text{westlich}\\\text{östlich}\end{pmatrix}$ des Meridianes stattfindet.

Für einen bestimmten Wert von dz wird $da = 0$, wenn $\mathrm{tg}\, p = \infty$, $p = 90^0$ ist.

Nun heißt aber jene besondere Stellung eines Gestirnes, in welcher der parallaktische Winkel p den Wert 90^0 annimmt, *die größte Digression* des Gestirnes. Daher kann man sagen:

Die Umstände für die Meridianbestimmung aus der Zenitdistanz eines Gestirnes sind am günstigsten, wenn sich das Gestirn in seiner größten Digression befindet.

Nunmehr treten naturgemäß folgende Fragen auf:

I. Unter welcher Bedingung hat ein Gestirn überhaupt eine größte Digression?
II. In welchem Zeitpunkte wird die größte Digression erreicht?
III. Welches Azimut entspricht der größten Digression?

Ad I. Nach dem Positionsdreiecke (Figur 45) ist:

$$\cos(90 - \varphi) = \cos(90 - \delta) \cos z + \sin(90 - \delta) \sin z \cos p,$$

(8) also: $$\cos p = \frac{\sin \varphi - \sin \delta \cos z}{\cos \delta \sin z}.$$

Da für die größte Digression $p = 90^0$ sein muß, so wird in derselben:
$$\cos p = 0;$$

mithin nach (8): $\sin \varphi - \sin \delta \cos z = 0$,

(9) $$\cos z = \frac{\sin \varphi}{\sin \delta} = \cos z_g.$$

Da $\cos z_g \leq 1$ sein muß, so wird $\frac{\sin \varphi}{\sin \delta} \leq 1$, oder $\sin \varphi \leq \sin \delta$, $\varphi \leq \delta$ sein müssen.

Satz: *Ein Gestirn hat nur dann eine größte Digression, wenn seine Deklination δ größer oder mindestens gleich groß ist wie die geographische Breite φ des Beobachtungsortes.*

Ad II. Nach dem Positionsdreiecke wird allgemein:
$$\cos z = \sin \varphi \sin \delta + \cos \varphi \cos \delta \cdot \cos t.$$

Also wird für die größte Digression:

$$\cos z_g = \sin\varphi\sin\delta + \cos\varphi\cos\delta\cdot\cos t_g \stackrel{(9)}{=} \frac{\sin\varphi}{\sin\delta}.$$

(10) Daraus: $$\cos t_g = \frac{\sin\varphi(1-\sin^2\delta)}{\cos\varphi\cos\delta\sin\delta} = \frac{\operatorname{tg}\varphi}{\operatorname{tg}\delta}.$$

Durch (10) sind die Stundenwinkel der größten Digressionen bestimmt, und zwar erhält man aus (10) die beiden Werte:

(11) $\quad t_g = t_{g_w}\quad$ und $\quad t_g = t_{g_\ddot{o}} = 360^0 - t_{g_w},$

welche Werte der westlichen bzw. östlichen größten Digression des Gestirnes entsprechen.

Ist α die Rektaszension des Gestirnes, so wird die Sternzeit der westlichen Digression:
$$S_w = t_{g_w} + \alpha,$$
die Sternzeit der östlichen Digression:
$$S_\ddot{o} = t_{g_\ddot{o}} + \alpha,$$
die mittlere Zeit der westlichen Digression:
$$M_w = (S_w - S_0)\cdot 0{\cdot}99726956,$$
die mittlere Zeit der östlichen Digression:
$$M_\ddot{o} = (S_\ddot{o} - S_0)\cdot 0{\cdot}99726956,$$

wobei $S_0 =$ Sternzeit im mittleren Mittage des Beobachtungsortes.

Ad III. Allgemein ist nach dem Positionsdreiecke:
$$\frac{\sin p}{\sin a} = \pm\frac{\cos\varphi}{\cos\delta},$$
je nachdem $\binom{\text{westlich}}{\text{östlich}}$ vom Meridiane beobachtet wird.

Für die größten Digressionen ist $p = 90^0$, also:

(12) $$\sin a_g = \pm\frac{\cos\delta}{\cos\varphi}.$$

Daraus findet man das Azimut der größten westlichen Digression $a_{g_w} = a_g$ (im II^{ten} Quadranten) und das Azimut der größten östlichen Digression $a_{g_\ddot{o}} = 360 - a_g$ (im III^{ten} Quadranten).

Nach (1) ist:
$$\cos a = \frac{\sin\varphi\cos z - \sin\delta}{\cos\varphi\sin z} = f(z) = \text{Funktion von } z,$$

und nach (7) wird: $\quad\dfrac{da}{dz} = \pm\dfrac{1}{\sin z\cdot\operatorname{tg} p},$

je nachdem $\binom{\text{westlich}}{\text{östlich}}$ vom Meridiane beobachtet wird.

(13) Somit ist: $\dfrac{d^2 a}{dz^2} = \mp\dfrac{\cos z\cdot\operatorname{tg} p + \dfrac{\sin z}{\cos^2 p}\cdot\dfrac{dp}{dz}}{\sin^2 z\,\operatorname{tg}^2 p},$

§ 25. Meridianbestimmung aus einzelnen Zenitdistanzen

da
$$\sin p = \pm \frac{\cos \varphi}{\cos \delta} \cdot \sin a,$$

so wird:
$$\cos p \cdot \frac{dp}{dz} = \pm \frac{\cos \varphi}{\cos \delta} \cdot \cos a \cdot \frac{da}{dz} = \frac{\cos \varphi}{\cos \delta} \cdot \frac{\cos a}{\sin z \, \mathrm{tg}\, p},$$

$$\frac{dp}{dz} = \frac{\cos \varphi \cdot \cos a}{\cos \delta \sin z \sin p}.$$

Mithin nach (13):

(14) $$\frac{d^2 a}{dz^2} = \mp \frac{\cos z \cos \delta \cdot \cos p \sin^2 p + \cos^2 \varphi \cos a}{\cos \delta \sin^3 p \cdot \sin^2 z}.$$

Für $p = 90^0$ ist $\frac{da}{dz} = 0$ und $\frac{d^2 a}{dz^2} = \mp \frac{\cos \varphi \cos a_g}{\cos \delta \cdot \sin^2 z_g}$.

Da allgemein: $\sin(90 - \delta) \cos p$
$$= \sin z \cos(90 - \varphi) - \cos z \sin(90 - \varphi) \cos(180 - a),$$

also: $\cos \delta \cos p = \sin z \sin \varphi + \cos z \cos \varphi \cdot \cos a,$

so wird für $p = 90^0$: $0 = \sin z_g \sin \varphi + \cos z_g \cos \varphi \cos a_g,$

$$\cos a_g = - \frac{\sin z_g \sin \varphi}{\cos z_g \cos \varphi}.$$

(15) Mithin wird: $$\frac{d^2 a}{dz^2} = \pm \frac{2 \sin \varphi}{\cos \delta \sin(2 z_g)},$$

wobei rechter Hand das Zeichen ($\pm$) gilt, je nachdem es sich um $\binom{\text{westliche}}{\text{östliche}}$ Digression handelt.

Mithin ist für größte westliche Digression:

$$\frac{da}{dz} = 0 \quad \text{und} \quad \frac{d^2 a}{dz^2} > 0 \quad (\text{also } a_{g_w} \text{ ein Minimum})$$

und für größte östliche Digression:

$$\frac{da}{dz} = 0 \quad \text{und} \quad \frac{d^2 a}{dz^2} < 0 \quad (\text{also } a_{g_o''} \text{ ein Maximum}).$$

Satz: *In den größten Digressionen erreicht das Gestirnazimut seine Extremwerte, und zwar entspricht der westlichen Digression das Minimum, der östlichen Digression das Maximum des Azimuts.*

Da die Extremwerte des Azimuts, geometrisch betrachtet, nur an jenen Stellen eintreten können, in welchen die Sternbahn von den zugeordneten Vertikalen berührt wird, so folgt:

Satz: *In den größten Digressionen wird die Sternbahn von den zugeordneten Vertikalen berührt.*

Vorgang bei der Azimutbestimmung in der Digressionsstellung eines Fixsternes. Man berechnet nach (10) den Stundenwinkel der größten Digression und mit diesem die zugeordnete mittlere Zeit in der bereits angegebenen Weise. — Eine Weile vor dem Eintritte des berechneten Zeitpunktes wird das Universalinstrument im Beobachtungsorte zentriert und horizontiert, sowie die Visur auf den Stern hergestellt.

Hierauf wird der Stern durch Horizontalfeinbewegung des Instrumentes derart verfolgt, daß er beständig am Vertikalfaden verbleibt.

In der unmittelbaren Nachbarschaft der Digression wird die Horizontalbewegung des Sternes eine so geringe, daß sie mit Hilfe des Instrumentes nicht mehr festgestellt werden kann; die Folge davon ist, daß das Gestirn nunmehr ganz von selbst, ohne jede Betätigung der Horizontalfeinschraube, am Vertikalfaden entlang gleitet.

Nun erst hat man mit den eigentlichen Beobachtungen einzusetzen.

Man zielt das Gestirn in beiden Kreislagen scharf an und macht einerseits die zugeordneten Horizontalkreisablesungen λ_l' und λ_r', anderseits die zugeordneten Vertikalkreisablesungen z_l' und z_r'. Ferner bestimmt man durch Kippachsennivellements die Kippachsenneigungen i_l bzw. i_r in beiden Kreislagen.

Hernach wird:

(16) $\begin{cases} \text{die fehlerfreie Horizontalkreisablesung in „Kreis links":} \\ \quad \lambda_l = \lambda_l' + \dfrac{c_l}{\sin z_l} + \dfrac{i_r}{\operatorname{tg} z_l}, \\ \text{die fehlerfreie Horizontalkreisablesung in „Kreis rechts":} \\ \quad \lambda_r = \lambda_r' - \dfrac{c_l}{\sin z_r} + \dfrac{i_r}{\operatorname{tg} z_r}. \end{cases}$

Bezeichnet man das Gestirnazimut, welches nach Gleichung (12) zu berechnen ist, mit a_g, so erhält man:

die fehlerfreie Meridianablesung: $\begin{cases} \text{einerseits } \lambda_0 = \lambda_l - a_g, \\ \text{anderseits } \lambda_0 = \lambda_r \pm 180^0 - a_g. \end{cases}$

Daher im Mittel: $\lambda_0 = \dfrac{\lambda_l + (\lambda_r \pm 180^0)}{2} - a_g$,

oder wegen (16):

(17) $\begin{cases} \lambda_0 = \dfrac{\lambda_l' + (\lambda_r' \pm 180^0)}{2} - a_g + c_l \left(\dfrac{1}{\sin z_l} - \dfrac{1}{\sin z_r} \right) \\ \qquad + \left(\dfrac{i_l}{\operatorname{tg} z_l} + \dfrac{i_r}{\operatorname{tg} z_r} \right). \end{cases}$

Sind die Zenitdistanzen z_l und z_r nur wenig verschieden und ist überdies $i_l \doteq - i_r$, dann wird mit hinreichender Genauigkeit:

(18) $\qquad \lambda_0 = \dfrac{\lambda_l' + (\lambda_r' \pm 180^0)}{2} - a_g.$

§ 25. Meridianbestimmung aus einzelnen Zenitdistanzen

Vorgang bei der Azimutbestimmung außerhalb der Digressionstellung. Wird ein Gestirn außerhalb der größten Digression beobachtet, dann muß, um günstige Fehlerfortpflanzung zu erzielen, der Formel (7) entsprechend, sin z möglichst groß, also auch z selbst möglichst groß gewählt werden.

Das heißt: *Bei Azimutbestimmungen aus der Zenitdistanz eines Gestirnes außerhalb der größten Digression hat man die Beobachtung in der Nähe des Horizontes durchzuführen.*

Bei derartigen Azimutbestimmungen wird in der Regel die Sonne verwendet, die in unseren Breiten bekanntlich keine größte Digression besitzt.

Infolge der bei Sonnenbeobachtungen üblichen Quadranteneinstellung, bei welcher der obere oder untere Sonnenrand mit dem Horizontalfaden, der östliche oder westliche Sonnenrand mit dem Vertikalfaden zur Koinzidenz gebracht wird, ist darauf zu achten, daß auf die Korrektionen wegen Sonnenradius nicht vergessen wird.

Um unangenehmen Verwechslungen in den Vorzeichen dieser Korrektionen

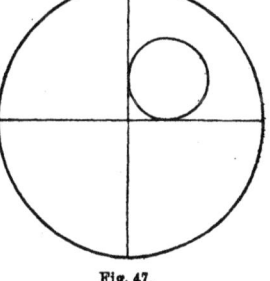

Fig. 47.

vorzubeugen, ist im Protokolle anzugeben, ob die Beobachtung am Vor- oder Nachmittage stattfand, und ob der vorangehende oder nachgehende Sonnenrand anvisiert wurde.

Angenommen, es wird am Vormittage auf die vorangehenden Sonnenränder eingestellt, dann hat der Beobachter am Okulare unter Berücksichtigung der umkehrenden Wirkung des Fernrohrobjektives die in Figur 47 dargestellte Ansicht.

Ist z' die beobachtete, wegen Indexfehler und Libellenausschlag verbesserte Zenitdistanz,

r die Refraktion,

p die Sonnenparallaxe ⎫
R der Sonnenradius ⎭ (diese beiden Größen sind aus den Ephemeriden zu entnehmen),

dann wird die fehlerfreie Zenitdistanz des Sonnenmittelpunktes:

(19) $$z = z' + r - p + R.$$

Ist ferner: λ' die Horizontalkreisablesung in „Kreis links",

c_l der Kollimationsfehler in „Kreis links",

i_l der durch Achsennivellement ermittelte Kippachsenfehler, so wird die fehlerfreie Horizontalkreisablesung für Visur auf den Sonnenmittelpunkt:

(20) $$\lambda = \lambda' + \frac{c_l}{\sin z} + \frac{i_l}{\operatorname{tg} z} - \frac{R}{\sin z}.$$

Die Berechnung des Sonnenazimuts a erfolgt nach einer der Gleichungen (2) oder (3), worauf die dem Meridiane entsprechende Horizontalkreisablesung λ_0 aus Gleichung (4) erhalten wird.

Bemerkung: In der Praxis werden häufig symmetrische Beobachtungen vorgenommen, bei denen die Sonne nacheinander in die vier Quadranten des Gesichtsfeldes eingestellt wird, wie in Figur 48 dargestellt ist.

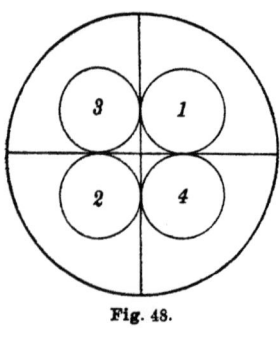

Fig. 48.

Und zwar bringt man die Sonne in „Kreis links" in die Stellungen 1 und 2,

in „Kreis rechts" in die Stellungen 3 und 4.

Eine vollkommene mechanische Fehlerkompensation tritt bei Anwendung dieses Verfahrens nicht ein, was schon aus der raschen Veränderlichkeit der Zenitdistanz z folgt, die für die einzelnen Stellungen merklich verschiedene Werte aufweist.

Bezeichnet man die den vier Stellungen entsprechenden analog (20) berechneten Horizontalkreisablesungen mit $\lambda_1, \lambda_2, \lambda_3, \lambda_4$, so wird, wenn Vormittagsberechnungen vorausgesetzt werden:

für „Kreis links" $\begin{cases} \lambda_1 = \lambda_1' + \dfrac{c_l}{\sin z_1} + \dfrac{i_{l_1}}{\operatorname{tg} z_1} - \dfrac{R}{\sin z_1}. \\ \lambda_2 = \lambda_2' + \dfrac{c_l}{\sin z_2} + \dfrac{i_{2}}{\operatorname{tg} z_2} + \dfrac{R}{\sin z_2}, \end{cases}$

für „Kreis rechts" $\begin{cases} \lambda_3 = \lambda_3' - \dfrac{c_l}{\sin z_3} + \dfrac{i_{3}}{\operatorname{tg} z_4} + \dfrac{R}{\sin z_3}, \\ \lambda_4 = \lambda_4' - \dfrac{c_l}{\sin z_4} - \dfrac{i_{4}}{\operatorname{tg} z_4} - \dfrac{R}{\sin z_4}. \end{cases}$

Sind a_1, a_2, a_3, a_4 die zugeordneten, nach (2) oder (3) berechneten Sonnenazimute, so findet man nach (4) die Meridianablesungen:

$$\lambda_{01} = \lambda_1 - a_1, \quad \lambda_{02} = \lambda_2 - a_2, \quad \lambda_{03} = \lambda_3 - a_3, \quad \lambda_{04} = \lambda_4 - a_4.$$

Der Mittelwert aus diesen nur wenig differierenden Einzelwerten ist als fehlerfreie Meridianablesung λ_0 aufzufassen:

(21) $$\lambda_0 = \frac{\lambda_{01} + \lambda_{02} + (\lambda_{03} \pm 180°) + (\lambda_{04} \pm 180°)}{4}.$$

§ 26. Meridianbestimmung aus der Zeit

§ 26. Meridianbestimmung aus der Zeit. A. *Durch Beobachtung eines Fixsternes.* Gegeben: Geographische Breite φ des Beobachtungsortes, Deklination δ und Rektaszension α des anzuvisierenden Fixsternes.

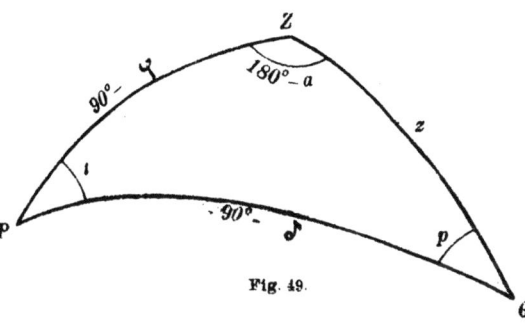

Fig. 49.

Beobachtet wird: die Uhrzeit u in dem Momente, wo der Stern das Fadenkreuz passiert; die zugeordnete Horizontalkreisablesung λ'; der Kippachsenfehler i durch Achsennivellement; die zugeordnete Zenitdistanz z (letztere bloß auf Minuten genau).

Aus dem Positionsdreiecke (Figur 49) folgt:

(1) $\qquad \cos z = \sin \varphi \sin \delta + \cos \varphi \cos \delta \cdot \cos t,$

andererseits ist: $\quad \sin p \cos z = \sin a \cos t - \cos a \sin t \sin \varphi,$

daraus: $\quad \sin p = \dfrac{\sin a \cos t - \cos a \sin t \sin \varphi}{\sin \varphi \sin \delta + \cos \varphi \cos \delta \cdot \cos t} =$ (nach Sinussatz)

$$= \frac{\cos \varphi}{\cos \delta} \cdot \sin a.$$

Mithin wird: $\sin a \cos t \cos \delta - \cos a \sin t \sin \varphi \cos \delta$

$\qquad = \sin \varphi \sin \delta \cos \varphi \sin a + \cos^2 \varphi \cos \delta \cos t \sin a,$

$\sin a \cos t \cos \delta \sin^2 \varphi = \sin \varphi (\sin \delta \cos \varphi \sin a + \sin t \cos \delta \cos a),$

$\cos t \cos \delta \sin \varphi = \sin \delta \cos \varphi + \sin t \cos \delta \cotg a,$

(2) $\qquad \operatorname{tg} a = \dfrac{\sin t \cos \delta}{\cos t \cos \delta \sin \varphi - \sin \delta \cos \varphi} = \dfrac{\sin t}{\sin \varphi \cos t - \operatorname{tg} \delta \cdot \cos \varphi}.$

Um diese Formel logarithmisch brauchbar zu machen, setze man

(3) $\qquad \operatorname{tg} \delta = \cos t \cdot \operatorname{tg} Q, \quad$ also $\quad \mathbf{tg} \, \mathbf{Q} = \dfrac{\mathbf{tg} \, \boldsymbol{\delta}}{\cos t},$

(4) damit wird: $\mathbf{tg} \, \boldsymbol{a} = \dfrac{\operatorname{tg} t \cdot \cos Q}{\sin \varphi \cos Q - \cos \varphi \sin Q} = \dfrac{\mathbf{tg} \, \mathbf{t} \cdot \mathbf{cos} \, \mathbf{Q}}{\sin (\varphi - Q)}.$

Nach (4) kann a berechnet werden, wenn der Hilfswinkel Q und der Stundenwinkel t für den Moment der Beobachtung bekannt ist.

Q wird aus (3) inklusive Quadranten berechnet; t dagegen ist aus der beobachteten Uhrzeit abzuleiten.

Bezeichnet man die Uhrzeit im Momente der Beobachtung mit u, die zugeordnete bekannte Standkorrektion mit σ, so wird: die mittlere Zeit der Beobachtung:
$$M = u + \sigma,$$

das seit dem mittleren Mittage verstrichene Sternzeitintervall:
$$J = M \cdot 1{\cdot}00273791.$$

Bezeichnet man die Sternzeit im mittleren Mittage des Beobachtungstages mit S_0, so findet man daher: Die Sternzeit im Momente der Beobachtung:
$$S = S_0 + M \cdot 1{\cdot}00273791 = t + \alpha.$$

Daraus: Stundenwinkel im Momente der Beobachtung:

(5) $$t = S_0 - \alpha + M \cdot 1{\cdot}00273791.$$

Mit diesem Stundenwinkel t kann a aus (4) berechnet werden.

Hat man a gefunden, dann erhält man, wenn λ die mit allen Verbesserungen versehene, zugeordnete Horizontalkreisablesung ist, die Meridian-Horizontalkreisablesung:
$$\lambda_0 = \lambda - a.$$

Um die günstigsten Beobachtungsverhältnisse zu ermitteln, d. h. um festzustellen, zu welchem Zeitpunkte ein gewisser Fehler dt im Stundenwinkel t den geringsten Einfluß auf das berechnete Azimut a ausübt, differenziere man (2) unter der Annahme, daß φ und δ gegebene Konstanten sind. — Man erhält:

(6) $$\begin{aligned}\frac{da}{\cos^2 a} &= \frac{(\sin\varphi \cos t - \operatorname{tg}\delta \cos\varphi)\cos t + \sin^2 t \sin\varphi}{(\sin\varphi\cos t - \cos\varphi \operatorname{tg}\delta)^2} \cdot dt \\ &= \frac{\sin\varphi - \cos\varphi \cos t \operatorname{tg}\delta}{(\sin\varphi\cos t - \cos\varphi \operatorname{tg}\delta)^2} dt.\end{aligned}$$

Für einen bestimmten, von 0 verschiedenen Wert von dt wird:
$$da = 0, \quad \text{für} \quad \sin\varphi - \cos\varphi \cos t \operatorname{tg}\delta = 0,$$

(7) also für: $$\cos t = \frac{\operatorname{tg}\varphi}{\operatorname{tg}\delta}.$$

Durch diese Gleichung ist aber nach dem vorhergehenden Paragraphen der Stundenwinkel der größten Digression definiert.

Daher der Satz: *Die Meridianbestimmung aus der Zeit bzw. aus dem Stundenwinkel der Beobachtung ist am günstigsten auszuführen, wenn sich das Gestirn in seiner größten östlichen oder westlichen Digression befindet.*

In der größten Digression ist wegen (3) und (7):
$$\operatorname{tg} Q_g = \frac{\operatorname{tg}^2 \delta}{\operatorname{tg} \varphi}.$$

§ 26. Meridianbestimmung aus der Zeit

Ferner nach (4):

$$(8) \quad \begin{cases} \operatorname{tg} a_g = \dfrac{\operatorname{tg} t_g}{\sin \varphi - \cos \varphi \operatorname{tg} Q_y} = \dfrac{\operatorname{tg} t_g \cdot \operatorname{tg} \varphi}{\sin \varphi \operatorname{tg} \varphi - \cos \varphi \operatorname{tg}^2 \delta} \\ \quad\quad = \dfrac{\sin \varphi \cos^2 \delta \cdot \operatorname{tg} t_g}{\sin^2 \varphi \cos^2 \delta - \cos^2 \varphi \sin^2 \delta}. \end{cases}$$

Da allgemein: $1 + \operatorname{tg}^2 t_g = \sec^2 t_g = \dfrac{1}{\cos^2 t_g} \stackrel{(7)}{=} \dfrac{\operatorname{tg}^2 \delta}{\operatorname{tg}^2 \varphi}$,

also: $\operatorname{tg}^2 t_g = \dfrac{\operatorname{tg}^2 \delta - \operatorname{tg}^2 \varphi}{\operatorname{tg}^2 \varphi} = \dfrac{\sin^2 \delta \cos^2 \varphi - \cos^2 \delta \sin^2 \varphi}{\sin^2 \varphi \cos^2 \delta}$,

so wird: $\operatorname{tg} t_g = \pm \dfrac{\sqrt{\sin^2 \delta \cos^2 \varphi - \cos^2 \delta \sin^2 \varphi}}{\sin \varphi \cos \delta}$,

(9) folglich nach (8):
$$\begin{cases} \operatorname{tg} a_g = \mp \dfrac{\cos \delta}{\sqrt{\sin^2 \delta \cos^2 \varphi - \cos^2 \delta \sin^2 \varphi}} \\ \quad\quad = \mp \dfrac{\cos \delta}{\sqrt{\sin(\delta - \varphi)\sin(\delta + \varphi)}}. \end{cases}$$

Die Formel (9) dient zur Berechnung des Gestirnazimutes a_g, wenn die Beobachtung in der größten Digression selbst oder deren unmittelbarer Nachbarschaft stattfindet.

B. *Durch Beobachtung der Sonne.* Da die Sonne in unseren Breiten keine größte Digression besitzt, muß die Berechnung des Sonnenazimuts nach den Formeln (3) und (4) erfolgen. Für den in diesen Gleichungen auftretenden Stundenwinkel t hat man den Stundenwinkel des Sonnenmittelpunktes im Augenblicke der Beobachtung einzusetzen.

Bezeichnet man denselben mit $t_\odot$, so wird nach der Beziehung:

Mittlere Zeit = Wahre Zeit + Zeitgleichung

(10) $\quad M \quad = \quad t_\odot \quad + \quad \zeta \quad = u + \sigma$,

wobei u die Uhrablesung, σ die Standkorrektion für den Augenblick der Beobachtung vorstellt.

(11) Aus (10) folgt: $t_\odot = u + \sigma - \zeta$.

Dabei bedeutet ζ die dem Augenblicke der Beobachtung entsprechende Zeitgleichung. Ihr Wert ergibt sich durch Interpolation aus den Angaben des astronomischen Jahrbuches, in dem, wie schon an anderem Orte bemerkt wurde, die Zeitgleichung für den mittleren Mittag der einzelnen Tage angegeben ist.

In den astronomischen Jahrbüchern ist auch die Deklination der Sonne für den mittleren Mittag der einzelnen Tage verzeichnet, so daß man auch die der Beobachtung entsprechende Sonnendeklination δ durch Interpolation berechnen kann.

Da die Sonne keine größte Digression besitzt, ist es notwendig, eine andere Stelle ihrer scheinbaren täglichen Bahn zu ermitteln, welche infolge günstiger Fehlerfortpflanzung zur Meridianbestimmung besonders geeignet erscheint.

Zu diesem Zwecke schreibe man die Gleichung (6) wie folgt:

(12) $\quad da = \cos^2 a \cdot \cos \delta \cdot \dfrac{\sin \varphi \cos \delta - \cos \varphi \sin \delta \cdot \cos t}{(\sin \varphi \cos \delta \cos t - \cos \varphi \sin \delta)^2} \cdot dt$.

Nach dem Positionsdreiecke ist:

$$\sin z \cos p = \cos \delta \sin \varphi - \sin \delta \cos \varphi \cdot \cos t$$

und $\quad - \sin z \cos a = \cos \varphi \sin \delta - \sin \varphi \cos \delta \cdot \cos t$,

dies in (12) eingesetzt liefert:

$$da = \cos^2 a \cdot \cos \delta \cdot \dfrac{\sin z \cdot \cos p}{\sin^2 z \cos^2 a} \cdot dt = \dfrac{\cos \delta \, \cos p}{\sin z} \cdot dt.$$

Da nach dem Sinussatze aus dem Positionsdreiecke die Beziehung:

$$\dfrac{\cos \delta}{\cos \varphi} = \dfrac{\sin a}{\sin p} \quad \text{folgt,}$$

(13) $\quad$ so besteht: $\quad da = \dfrac{\cos \varphi}{\sin z} \cdot \dfrac{\sin a}{\operatorname{tg} p} \cdot dt$,

woraus ersichtlich ist, daß $da = 0$ einerseits für $p = 90^0$, anderseits aber auch für $a = 0$ (im Meridiane).

Da im Meridiane die Sonne eine sehr rasche Horizontalbewegung besitzt, wird man in der Nachbarschaft des Meridianes den Augenblick des Randantrittes mit großer Genauigkeit feststellen, somit einen nur sehr kleinen Stundenwinkelfehler dt begehen. — Dadurch wird der Azimutalfehler da besonders klein.

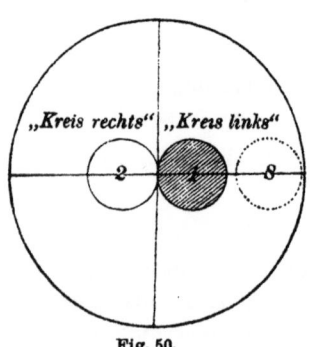

Fig. 50.

Daher der Satz: *Die Meridianbestimmung aus Stundenwinkeln der Sonne ist in der Nachbarschaft des Meridianes vorzunehmen.*

Bezüglich des Vorganges bei der Sonnenbeobachtung ist zu bemerken, daß am besten nach dem in Figur 50 dargestellten Schema beobachtet wird.

„Kreis links": Man stellt auf die Sonne durch Grob- und Feinbewegung des Universales derart ein, daß ihr Bild (S) vom Horizontalfaden des Fernrohres halbiert wird. Sodann verfolgt man die Sonne lediglich durch Vertikal-Feinbewegung des Instrumentes in einer solchen Weise, daß ihr Mittelpunkt am Horizontalfaden entlangzugleiten scheint, und setzt diese Verfolgung bis zu jenem Augenblicke fort, in dem der vorangehende (westliche) Sonnenrand mit Vertikalfaden koinzidiert. (Position 1.)

Die diesem Augenblicke entsprechende Uhrablesung u wird notiert, desgleichen die zugeordnete Horizontal- und Vertikalkreisablesung, sowie das Resultat des Kippachsennivellements.

Sodann schlägt man das Fernrohr durch, um in „*Kreis rechts*" denselben Beobachtungsvorgang noch einmal zu wiederholen, mit dem einzigen Unterschiede, daß nunmehr der nachgehende (östliche) Sonnenrand mit dem Vertikalfaden zur Koinzidenz gebracht wird. (Position 2.)

Sind λ_1 und λ_2 die fehlerfreien, auf den Sonnenmittelpunkt reduzierten Horizontalkreisablesungen, a_1 und a_2 die nach (3) und (4) berechneten Sonnenazimute, so werden die zugeordneten Meridianablesungen:

$$\lambda_{01} = \lambda_1 - a_1 \quad \text{(für „Kreis links"),}$$
$$\lambda_{02} = \lambda_2 - a_2 \quad \text{(für „Kreis rechts"),}$$

deren Mittelwert als wahrscheinlicher Wert für die fehlerfreie Meridianablesung anzunehmen ist:

$$\lambda_0 = \frac{\lambda_{01} + (\lambda_{02} \pm 180^0)}{2}.$$

§ 27. **Zeitbestimmung aus Zenitdistanzen.** Prinzip: Man bringt den Stern von bekannter Deklination δ in irgendeinem beliebigen Augenblicke mit dem Fadenkreuzungspunkte des Universalinstrumentes zur Koinzidenz und bestimmt die zugeordnete Uhrablesung u, sowie die Ablesungen am Vertikalkreise und den Blasenenden der Versicherungslibelle.

Aus den Vertikalkreisablesungen berechnet man durch Anbringung der Korrektion wegen Ort des Zenits und der Libellenkorrektion die fehlerfreie, scheinbare Zenitdistanz des Gestirnes im Augenblicke der Beobachtung.

Aus dieser wieder erhält man durch Anbringung der Korrektionen wegen Refraktion (eventuell auch wegen Parallachse und Gestirnradius, falls es sich um Sonnenbeobachtungen handelt) die auf den Erdmittelpunkt reduzierte wahre Zenitdistanz:

(1) $$z = z' + r - p \pm R,$$

wobei: z' die von Instrumentalfehlern befreite, beobachtete Zenitdistanz,

r die Korrektion wegen Refraktion,
p die Korrektion wegen Parallaxe,
$\pm R$ die Korrektion wegen Gestirnradius bedeutet.

Speziell für Fixsterne ist:

(2) $$p = 0 \quad \text{und} \quad R = 0, \quad \text{mithin} \quad z = z' + r.$$

Dem Augenblicke der Beobachtung ist ein ganz bestimmter Stundenwinkel t zugeordnet, der, wie sofort gezeigt werden wird, aus der gegebenen Deklination des Gestirnes (δ), der gegebenen geographischen Breite des Beobachtungsortes (φ) und der beobachteten wahren Zenitdistanz (z) berechnet werden kann.

Ist aber t gefunden und bedeutet α die Rektaszension des beobachteten Gestirnes, so wird die Sternzeit der Beobachtung:

(2a) $$S = t + \alpha.$$

Bezeichnet man mit S_0 die Sternzeit im mittleren Mittag des Beobachtungsortes, so wird das seit dem mittleren Mittage verstrichene Sternzeitintervall: $S - S_0 = t + \alpha - S_0$.

Mithin wird die mittlere Zeit der Beobachtung:

(3) $$M = (S - S_0) \cdot 0{\cdot}99726956 = (t + \alpha - S_0) \cdot 0{\cdot}99726956.$$

Andererseits kann die mittlere Zeit M aus der Uhrablesung u und der noch unbekannten Standkorrektion σ ausgedrückt werden durch die Gleichung:

(4) $$M = u + \sigma.$$

Durch Gleichsetzung der rechten Seiten von (3) und (4) erhält man die gesuchte Standkorrektion σ der Uhr für den Moment der Beobachtung bzw. für die Uhrzeit u:

(5) $$\boldsymbol{\sigma = (t + \alpha - S_0)\, 0{\cdot}99726956 - u}.$$

Es erübrigt noch die Berechnung des Stundenwinkels t zu erklären, der auf der rechten Seite von (5) die einzige unbekannte Größe vorstellt.

Nach dem Positionsdreiecke (Figur 51) ist:

$$\cos z = \cos(90 - \delta)\cos(90 - \varphi) + \sin(90 - \delta)\sin(90 - \varphi)\cos t,$$

$$\cos z = \sin \delta \sin \varphi + \cos \delta \cos \varphi \cdot \cos t,$$

(6) $$\boldsymbol{\cos t = \frac{\cos z - \sin \varphi \sin \delta}{\cos \varphi \cos \delta}}.$$

Die Gleichung (6) kann unmittelbar zur Berechnung des Stundenwinkels t verwendet werden. Will man sie jedoch logarithmisch brauchbar machen, dann bilde man:

$$1 - \cos t = 2 \sin^2 \frac{t}{2} = \frac{\cos \varphi \cos \delta + \sin \varphi \sin \delta - \cos z}{\cos \varphi \cos \delta}$$

$$= \frac{\cos(\varphi - \delta) - \cos z}{\cos \varphi \cos \delta} = -2 \cdot \frac{\sin \dfrac{\varphi - \delta + z}{2} \sin \dfrac{\varphi - \delta - z}{2}}{\cos \varphi \cos \delta},$$

$$1 + \cos t = 2 \cos^2 \frac{t}{2} = \frac{\cos \varphi \cos \delta - \sin \varphi \sin \delta + \cos z}{\cos \varphi \cos \delta}$$

$$= \frac{\cos(\varphi + \delta) + \cos z}{\cos \varphi \cos \delta} = 2 \frac{\cos \dfrac{\varphi + \delta + z}{2} \cos \dfrac{\varphi + \delta - z}{2}}{\cos \varphi \cdot \cos \delta}.$$

§ 27. Zeitbestimmung aus Zenitdistanzen

Setzt man $\varphi + \delta + z = 2S$,

(7) so wird:
$$\begin{cases} \varphi - \delta + z = 2(s - \delta), \\ \varphi - \delta - z = -2(s - \varphi), \\ \varphi + \delta - z = 2(s - z). \end{cases}$$

(8) Damit kommt:
$$\begin{cases} \sin\dfrac{t}{2} = \pm\sqrt{\dfrac{\sin(s-\varphi)\cdot\sin(s-\delta)}{\cos\varphi\cos\delta}}, \\ \cos\dfrac{t}{2} = \pm\sqrt{\dfrac{\cos s \cdot \cos(s-z)}{\cos\varphi\cos\delta}}, \end{cases}$$

(9) $$\operatorname{tg}\dfrac{t}{2} = \pm\sqrt{\dfrac{\sin(s-\varphi)\sin(s-\delta)}{\cos s \cdot \cos(s-z)}}.$$

Um den günstigsten Augenblick für die Beobachtung festzustellen, d. h. jenen Augenblick, in dem ein in der beobachteten Zenitdistanz z begangener Fehler dz den geringsten Einfluß auf das berechnete Azimut hat, differenziere man (6) unter

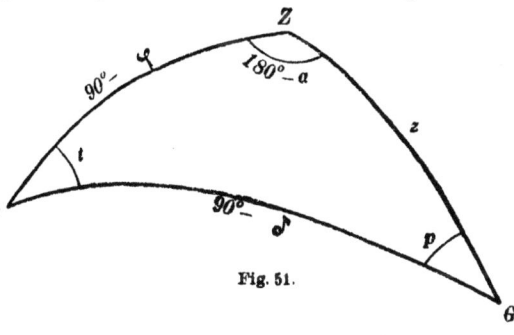

Fig. 51.

der Annahme, daß δ und φ gegebene Konstanten sind. — Man erhält:

$$-\sin t \, dt = -\frac{\sin z}{\cos\varphi \cos\delta} \cdot dz.$$

Und da nach dem Sinussatze aus dem Positionsdreiecke die Gleichung:

$$\frac{\sin z}{\cos\delta} = \frac{\sin t}{\sin a} \quad \text{folgt,}$$

(10) so ergibt sich: $$dt = \frac{dz}{\cos\varphi \sin a}.$$

Demnach wird für ein bestimmtes φ und ein bestimmtes dz der Stundenwinkelfehler dt ein Minimum, wenn:

$$\sin a = \pm 1, \quad a = \pm 90^0.$$

Daher der Satz: *Die Umstände für die Zeitbestimmung aus Zenitdistanzen sind am günstigsten, wenn das Gestirn den ersten Vertikal passiert.*

III. Meridian- und Zeitbestimmung

Aus Figur 52 ist ohne weiteres einleuchtend, daß ein Gestirn nur dann in den ersten Vertikal gelangen kann, wenn seine tägliche Bahn innerhalb des schraffierten Raumes verläuft.

Dies aber ist nur dann der Fall, wenn:

$$0 \leq \delta \leq \varphi.$$

Daher der Satz: *Damit ein Gestirn mit der Deklination δ in den ersten Vertikal eines Beobachtungsortes mit der geographischen Breite φ gelange, ist es notwendig und hinreichend, daß*

$$\mathbf{0 \leq \delta \leq \varphi} \quad sei.$$

In der Praxis wird man natürlich nicht genau im ersten Vertikale beobachten, sondern bloß in der Nachbarschaft des ersten Vertikales. Hierzu aber ist es notwendig zu wissen, um welche Zeit das Gestirn tatsächlich den ersten Vertikal passiert.

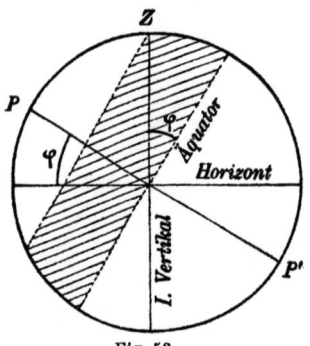

Fig. 52.

Um die diesbezügliche Formel aufzustellen, bezeichne man mit z_I die Zenitdistanz, mit t_I den Stundenwinkel im ersten Vertikale.

Dann wird nach (6):

$$(11) \quad \cos t_I = \frac{\cos z_I - \sin \varphi \sin \delta}{\cos \varphi \cos \delta}.$$

Allgemein ist nach dem Positionsdreiecke:

$$\sin \delta = \sin \varphi \cos z - \cos \varphi \sin z \cdot \cos a.$$

Ergo wird im ersten Vertikale:

$$\sin \delta = \sin \varphi \cos z_I - \cos \varphi \sin z_I \cdot \cos 90^0 = \sin \varphi \cdot \cos z_I.$$

(13) Daraus: $\quad \cos z_I = \dfrac{\sin \delta}{\sin \varphi}.$

(13) kann zur Vorausberechnung der Zenitdistanz eines Fixsternes im ersten Vertikale verwendet werden.

(13) in (11) eingesetzt gibt:

$$(14) \quad \cos t_I = \frac{\sin \delta \cdot \cos^2 \varphi}{\cos \varphi \cdot \cos \delta \sin \varphi} = \frac{\operatorname{tg} \delta}{\operatorname{tg} \varphi}.$$

Damit ist der Stundenwinkel t_I des Gestirnes im ersten Vertikale bestimmt.

Die mittlere Zeit des Durchganges durch den ersten Vertikal ist:

$$(15) \begin{cases} M_I = (S_I - S_0) \cdot 0\cdot 997\,269\,56, \\ \text{wobei} \quad S_I = t_I + \alpha. \end{cases}$$

§ 27. Zeitbestimmung aus Zenitdistanzen

Bemerkungen über Sonnenbeobachtungen. Bei Sonnenbeobachtungen wird anstatt der Sonnenmitte der obere oder untere Sonnenrand anvisiert und die Reduktion der beobachteten Zenitdistanz auf die Sonnenmitte nach Gleichung (1) vorgenommen.

In der Regel werden die Beobachtungen vervielfältigt und abwechselnd in jeder Kreislage einmal der obere und einmal der untere Rand anvisiert.

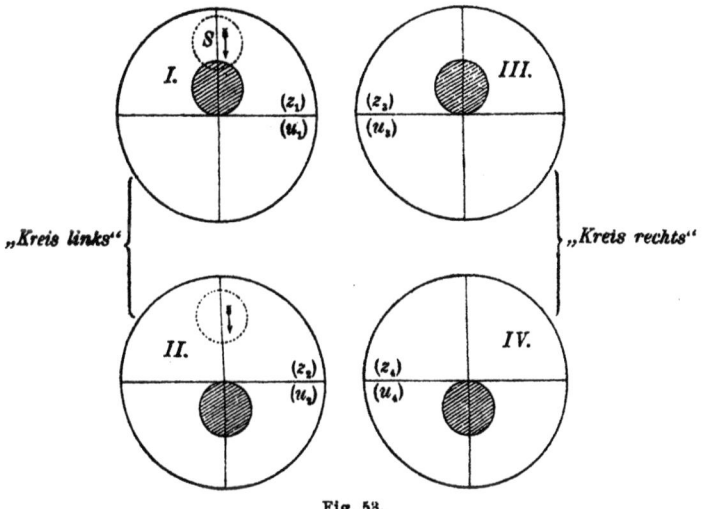

Fig. 53.

Ein diesbezügliches Beobachtungsschema ist in Figur 53 dargestellt.

Jedem einzelnen Randantritte der Sonne an dem Horizontalfaden des Fadenkreuzes entspricht eine ganz bestimmte Zenitdistanz z und Uhrablesung u, die beide festgestellt werden.

Die Verfolgung der Sonne geschieht hierbei nach Einstellung in die zum Vertikalfaden symmetrische Lage S lediglich durch Horizontal-Feinbewegung des Universales, und zwar derart, daß der Sonnenmittelpunkt dem Vertikalfaden entlang gleitet, bis die Randkoinzidenz am Horizontalfaden eintritt.

In Figur 53 ist für „Kreis links" die obere Randkoinzidenz durch das Bild I, die untere Randkoinzidenz durch das Bild II dargestellt, während die Bilder III und IV die homologen Koinzidenzen in „Kreis rechts" versinnbildlichen.

Bei den Ablesungen am Vertikalkreise muß die Versicherungslibelle entweder genau einspielen, oder aber es müssen die Ablesungen an den Blasenenden für jede einzelne Beobachtung zwecks Berechnung der Libellenkorrektion aufgeschrieben werden.

Die Berechnung des Stundenwinkels $t_\odot$ erfolgt nach einer der

Formeln (6), (8) oder (9), wobei die in diesen Gleichungen rechterhand auftretende Deklination δ für jede einzelne Beobachtung aus den Angaben des astronomischen Jahrbuches durch Interpolation gefunden werden muß. — Hierbei genügt es, der Interpolation die zugeordnete Uhrablesung u zugrunde zu legen.

Hat man den Stundenwinkel $t_\odot$ der wahren Sonne für den Moment der Beobachtung berechnet, so wird die zugeordnete mittlere Zeit:

$$(16) \qquad M = t_\odot + \zeta = u + \sigma,$$

wobei ζ die Zeitgleichung für den Augenblick der Beobachtung vorstellt, während σ die Standkorrektion der Uhr bedeutet. Die Zeitgleichung ζ ist aus den Angaben des astronomischen Jahrbuches unter Benutzung der Uhrzeit u durch einfache Interpolation zu bestimmen.

Aus (16) findet man die Standkorrektion der Uhr:

$$(17) \qquad \sigma = t_\odot + \zeta - u.$$

IV. Geographische Breiten- und Längenbestimmung.

§ 28. Breitenbestimmung aus Stundenwinkel und Zenitdistanz.

Bei Anwendung dieser Methode ist eine gutgehende Uhr erforderlich, deren Stand und Gang genau bekannt sein muß. — Der prinzipielle Beobachtungsvorgang ist folgender:

Für den Moment, wo das gewählte Gestirn G mit bekannter Deklination δ und Rektaszension α das Fadenkreuz des Universales passiert, macht man einerseits die Uhrablesung u, andererseits die Ablesungen am Vertikalkreise, aus welch letzteren die Zenitdistanz z des Gestirnes in bekannter Weise berechnet werden kann.

Natürlich darf die Versicherungslibelle am Vertikalkreise nicht vergessen werden, die entweder genau zum Einspielen gebracht oder aber zwecks Berechnung der Libellenkorrektion abgelesen werden muß.

Aus der beobachteten mittleren Uhrzeit u findet man:

(1) die mittlere Zeit der Beobachtung: $\quad t_M = u + \sigma,$

wobei σ den Stand der Uhr für den Augenblick der Beobachtung vorstellt, hernach die Sternzeit der Beobachtung:

$$(2) \qquad S = (u + \sigma) \cdot 1{\cdot}00278791 + S_0,$$

wenn S_0 die Sternzeit im mittleren Mittage des Beobachtungsortes bedeutet.

§ 28. Breitenbestimmung aus Stundenwinkel und Zenitdistanz

Da ganz allgemein die Beziehung:
$$S = t + \alpha \quad \text{besteht,}$$
so findet man:

(3) $\quad t = S - \alpha = (u + \sigma) \cdot 1{\cdot}00273791 + S_0 - \alpha,$

womit der Stundenwinkel des Gestirnes für den Augenblick der Beobachtung bestimmt ist.

Bemerkung: Ist die verwendete Uhr eine Sternzeituhr, so kommt unmittelbar: $S = u + \sigma = t + \alpha,$

(4) also: $\quad t = u + \sigma - \alpha.$

Durch (3) oder (4) ist der Stundenwinkel des Gestirnes für den Moment der Beobachtung definiert. — Da ferner die Zenitdistanz z des Gestirnes am Vertikalkreise des Universales beobachtet wurde und die Deklination δ aus den Ephemeriden bekannt ist, so kann aus dem Positionsdreiecke (Figur 54)

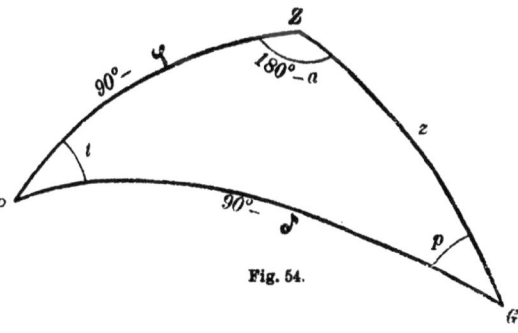

Fig. 54.

die geographische Breite φ wie folgt berechnet werden:

(5) $\quad \cos z = \sin \varphi \sin \delta + \cos \varphi \cos \delta \cdot \cos t.$

Setzt man $\quad \cos \delta \cos t = \sin \delta \operatorname{tg} Q,$

(6) also: $\quad \operatorname{tg} Q = \dfrac{\cos \delta \cos t}{\sin \delta} = \dfrac{\cos t}{\operatorname{tg} \delta},$

so wird:
$$\cos z = \sin \delta \cdot (\sin \varphi + \cos \varphi \cdot \operatorname{tg} Q) = \frac{\sin \delta}{\cos Q} \cdot \sin(\varphi + Q),$$

(7) $\quad \sin(\varphi + Q) = \dfrac{\cos z \cos Q}{\sin \delta}.$

Die Gleichung (6) liefert den Wert von Q eindeutig (inklusive Quadranten), die Gleichung (7) dagegen liefert $(\varphi + Q)$ doppeldeutig. Diese Doppeldeutigkeit wird in den Lehrbüchern der sphärischen Astronomie durch eine geometrische Untersuchung aufgeklärt, welche jedoch in einfachster Weise durch nachstehende analytische Untersuchung ersetzt werden kann.

IV. Geographische Breiten- und Längenbestimmung

Aus dem Positionsdreiecke folgt:

$$\sin z \cos(180 - a)$$
$$= \sin(90 - \varphi)\cos(90 - \delta) - \cos(90 - \varphi)\sin(90 - \delta)\cos t,$$

oder:

$$-\sin z \cos a = \cos \varphi \sin \delta - \sin \varphi \cos \delta \cos t = \quad (6)$$
$$= \cos \varphi \sin \delta - \sin \varphi \sin \delta \operatorname{tg} Q =$$
$$= \frac{\sin \delta}{\cos Q} \cdot (\cos \varphi \cos Q - \sin \varphi \sin Q) = \frac{\sin \delta}{\cos Q} \cdot \cos(\varphi + Q).$$

(8) Daraus wird: $\cos(\varphi + Q) = -\dfrac{\sin z \cos a \cos Q}{\sin \delta}$.

(9) Aus (7) und (8) folgt: $\operatorname{tg}(\varphi + Q) = \dfrac{\operatorname{cotg} z}{-\cos a}$.

Aus (9) erkennt man die Richtigkeit des nachstehenden Satzes:
Liegt a im zweiten oder dritten Quadranten, dann liegt $(\varphi + Q)$ im ersten Quadranten; liegt dagegen a im ersten oder vierten Quadranten, dann liegt $(\varphi + Q)$ im zweiten Quadranten.

Damit ist die Doppeldeutigkeit von (7) beseitigt.

Bei der praktischen Anwendung dieses Verfahrens berechne man zuerst Q nach Formel (6), hernach $(\varphi + Q)$ bzw. φ selbst nach Formel (7), wobei man beachte, daß nach dem letzten Satze:

$(\varphi + Q)$ in den ersten oder zweiten Quadranten fällt, je nachdem der Stern nördlich oder südlich des ersten Vertikals beobachtet wurde.

Günstigste Umstände für die Beobachtung: Die Differentiation der Gleichung (5) liefert, wenn z, φ, t als Veränderliche, δ dagegen als konstante Größe betrachtet wird:

$$-\sin z \cdot dz$$
$$= \underbrace{(\cos \varphi \sin \delta - \sin \varphi \cos \delta \cos t)}_{\sin z \cos(180 - a)} \cdot d\varphi - \cos \varphi \cos \delta \cdot \sin t \cdot dt;$$

$$\sin z \, dz = \sin z \cos a \, d\varphi + \cos \varphi \cos \delta \sin t \cdot dt,$$

(10) $\qquad d\varphi = \dfrac{dz}{\cos a} - \dfrac{\cos \varphi \cos \delta \sin t}{\sin z \cos a} \cdot dt;$

damit $d\varphi$ für ein gegebenes dz und dt klein werde, muß:

$$\left.\begin{array}{r}\cos a \doteq \pm 1 \\ \sin t \doteq 0 \\ \sin z \doteq 1 \end{array}\right\} \text{ sein.}$$

Dies ist der Fall für:

$$a \doteq 0, (180^0); \quad t \doteq 0, (180^0); \quad z \doteq 90^0$$

§ 29. Meridianzenitdistanzen. § 30. Zirkummeridianzenitdistanzen 105

Daher der Satz: **Bei Breitenbestimmungen aus Zeit und Zenitdistanz beobachte man ein Gestirn unter möglichst großer Zenitdistanz entweder im Meridiane selbst oder aber in unmittelbarer Nachbarschaft des Meridianes.**

In Anwendung dieses Satzes sind nachstehende zwei Methoden am gebräuchlichsten:

I. Breitenbestimmung aus Meridianzenitdistanzen,
II. Breitenbestimmung aus Zirkummeridianzenitdistanzen.

§ 29. Breitenbestimmung aus Meridianzenitdistanzen.

Wird ein Stern mit bekannter Deklination δ im Augenblicke seiner oberen Kulmination beobachtet und ist z_0 die zugeordnete Zenitdistanz, dann erhält man zur Bestimmung der geographischen Breite nach Figur 55 die Beziehung:

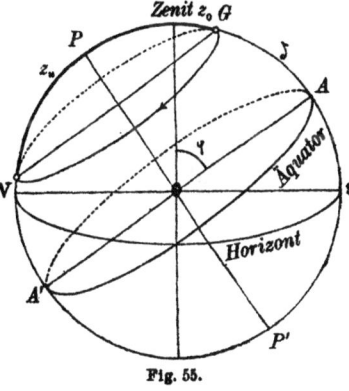

Fig. 55.

(11) $\qquad \varphi = \delta \pm z_0$

($\pm$), je nachdem die obere Kulmination $\genfrac{}{}{0pt}{}{\text{südlich}}{\text{nördlich}}$ des Zenits stattfindet.

Für Beobachtung der unteren Kulmination z_u erhält man die Relation:

$$\varphi + \delta + z_u = 180^0,$$

(12) $\qquad \varphi = 180^0 - (\delta + z_u).$

§ 30. Breitenbestimmung aus Zirkummeridianzenitdistanzen.

Unter Breitenbestimmung aus Zirkummeridianzenitdistanzen versteht man die Breitenbestimmung aus Zeit und Zenitdistanz eines Gestirnes in unmittelbarer Nachbarschaft des Meridianes.

Es versteht sich von selbst, daß die Formeln (6) und (7) volle Gültigkeit behalten, und daß es dem Beobachter freisteht, die ziffermäßige Rechnung nach diesen Formeln vorzunehmen.

Nichtsdestoweniger hat man ausgehend von dem Gedanken, daß sich die Zenitdistanz eines Gestirnes in der Nähe des Meridianes nur sehr langsam verändert, gewisse Näherungsformeln aufgestellt, deren einige in nachstehenden Zeilen erörtert werden sollen.

Um gleich mit dem allgemeinsten Falle zu beginnen, werde angenommen, daß ein Gestirn mit veränderlicher Deklination, zum Beispiel die Sonne, beobachtet wurde.

Ist dann z die Zenitdistanz, δ die Deklination des Gestirnes im Augenblicke der Beobachtung, z_0 bzw. z_u die Zenitdistanz, δ_0 bzw.

IV. Geographische Breiten- und Längenbestimmung

δ_u die Deklination des Gestirnes im Augenblicke der oberen bzw. unteren Kulmination, so bestehen die Gleichungen:

(13) $$\begin{cases} \cos z = \sin \varphi \sin \delta + \cos \varphi \cos \delta \cos t, \\ \cos z_o = \sin \varphi \sin \delta_o + \cos \varphi \cos \delta_o, \\ \cos z_u = \sin \varphi \sin \delta_u - \cos \varphi \cos \delta_u. \end{cases}$$

Wird die zweite dieser Gleichungen von der ersten subtrahiert, so kommt:

(14) $\cos z - \cos z_o = \sin \varphi (\sin \delta - \sin \delta_o) + \cos \varphi (\cos \delta \cos t - \cos \delta_o)$.

Setzt man dann: $\delta_o = \delta + (\delta_o - \delta)$,

so wird: $\cos \delta_o = \cos \delta \cos (\delta_o - \delta) - \sin \delta \sin (\delta_o - \delta)$.

Da in der Nachbarschaft des Meridianes die Größen δ und δ_o nur wenig verschieden sein können, sind folgende näherungsweisen Substitutionen statthaft:

$$\cos (\delta_o - \delta) \doteq 1,$$
$$\sin (\delta_o - \delta) \doteq \widehat{(\delta_o - \delta)} = \frac{\delta_o - \delta}{\varrho''}.$$

(15) Damit kommt: $\cos \delta_o \doteq \cos \delta - \frac{\delta_o - \delta}{\varrho''} \cdot \sin \delta$.

(15) in (14) eingesetzt liefert:

$$- 2 \sin \left(\frac{z + z_o}{2}\right) \sin \left(\frac{z - z_o}{2}\right)$$

$$\doteq 2 \sin \varphi \cdot \sin \left(\frac{\delta - \delta_o}{2}\right) \cos \left(\frac{\delta + \delta_o}{2}\right)$$
$$\qquad + \cos \varphi \left\{ \cos \delta (\cos t - 1) + \frac{\delta_o - \delta}{\varrho''} \cdot \sin \delta \right\}$$

$$\doteq \sin \varphi \cdot \frac{\delta - \delta_o}{\varrho''} \cdot \cos \delta - 2 \cos \varphi \cos \delta \sin^2 \left(\frac{t}{2}\right) + \frac{\delta_o - \delta}{\varrho''} \cdot \sin \delta \cos \varphi$$

$$= \frac{\delta - \delta_o}{\varrho''} \cdot (\sin \varphi \cos \delta - \cos \varphi \sin \delta) - 2 \cos \varphi \cos \delta \cdot \sin^2 \left(\frac{t}{2}\right)$$

$$= \frac{\delta - \delta_o}{\varrho''} \cdot \sin (\varphi - \delta) - 2 \cos \varphi \cos \delta \cdot \sin^2 \left(\frac{t}{2}\right).$$

Mithin findet man endgültig:

(16) $\quad \sin \left(\frac{z - z_o}{2}\right) \doteq \frac{\cos \varphi \cos \delta}{\sin \left(\frac{z + z_o}{2}\right)} \cdot \sin^2 \left(\frac{t}{2}\right) + \frac{\delta_o - \delta}{2 \varrho''} \cdot \frac{\sin (\varphi - \delta)}{\sin \left(\frac{z + z_o}{2}\right)}.$

Setzt man in (16) näherungsweise:

$$\sin \left(\frac{z - z_o}{2}\right) \doteq \widehat{\frac{z - z_o}{2}} = \frac{z - z_o}{2 \varrho''},$$

ferner $\qquad \sin \left(\frac{z + z_o}{2}\right) \doteq \sin z,$

§ 30. Breitenbestimmung aus Zirkummeridianzenitdistanzen

endlich $\quad\quad \varphi = \delta_o \pm z_o \doteq \delta \pm z$,

so kommt: $\quad \dfrac{z - z_o}{2\varrho''} \doteq \dfrac{\cos(\delta \pm z) \cdot \cos \delta}{\sin z} \cdot \sin^2\left(\dfrac{t}{2}\right) \pm \dfrac{\delta_o - \delta}{2\varrho''}.$

(17) $\quad z_o \doteq z - 2\varrho'' \cdot \dfrac{\cos(\delta \pm z) \cdot \cos \delta}{\sin z} \cdot \sin^2\left(\dfrac{t}{2}\right) \mp (\delta_o - \delta) = z'_o.$

Hierin ist das $\begin{Bmatrix}\text{obere}\\\text{untere}\end{Bmatrix}$ Doppelvorzeichen zu wählen, je nachdem das Gestirn $\begin{Bmatrix}\text{südlich}\\\text{nördlich}\end{Bmatrix}$ vom Zenit kulminiert.

Hat man nach (17) die genäherte Meridianzenitdistanz z'_o berechnet, so bestimmt man mit dieser die genäherte Breite:

(18) $\quad\quad\quad\quad\quad \varphi' = \delta_o \pm z'_o$

und hernach die endgültige Meridianzenitdistanz z_o in Übereinstimmung mit Formel (16) aus Gleichung:

(19) $\quad \sin\left(\dfrac{z - z_o}{2}\right) = \dfrac{\cos \varphi' \cdot \cos \delta}{\sin\left(\dfrac{z + z_o}{2}\right)} \cdot \sin^2\left(\dfrac{t}{2}\right) + \dfrac{\delta_o - \delta}{2\varrho''} \cdot \dfrac{\sin(\varphi' - \delta)}{\sin\left(\dfrac{z + z_o}{2}\right)}.$

(20) Sodann wird: $\quad \varphi = \delta_o \pm z_o.$

In analoger Weise findet man durch Subtraktion der letzten Gleichung in (13) von der ersten:

(21) $\quad \begin{cases} \cos z - \cos z_u \\ = \sin \varphi \cdot (\sin \delta - \sin \delta_u) + \cos \varphi (\cos \delta \cos t + \cos \delta_u). \end{cases}$

Setzt man jetzt: $\quad \delta_u = \delta + (\delta_u - \delta),$

also: $\quad \cos \delta_u = \cos \delta \cos(\delta_u - \delta) - \sin \delta \sin(\delta_u - \delta)$

$$\doteq \cos \delta - \dfrac{\delta_u - \delta}{\varrho''} \cdot \sin \delta,$$

so erhält man:

$$-2 \sin\left(\dfrac{z + z_u}{2}\right) \sin\left(\dfrac{z - z_u}{2}\right) \doteq 2 \sin \varphi \cdot \sin\left(\dfrac{\delta - \delta_u}{2}\right) \cos\left(\dfrac{\delta + \delta_u}{2}\right)$$

$$+ \cos \varphi \left\{ \cos \delta (\cos t + 1) - \dfrac{\delta_u - \delta}{\varrho''} \cdot \sin \delta \right\};$$

$$\doteq 2 \cos \varphi \cos \delta \cos^2\left(\dfrac{t}{2}\right) - \dfrac{\delta_u - \delta}{\varrho''} \cdot (\sin \varphi \cos \delta + \cos \varphi \sin \delta);$$

(22) $\quad \sin\left(\dfrac{z_u - z}{2}\right) \doteq \dfrac{\cos \varphi \cos \delta}{\sin\left(\dfrac{z + z_u}{2}\right)} \cdot \cos^2\left(\dfrac{t}{2}\right) - \dfrac{\delta_u - \delta}{2\varrho''} \cdot \dfrac{\sin(\varphi + \delta)}{\sin\left(\dfrac{z + z_u}{2}\right)}.$

IV. Geographische Breiten- und Längenbestimmung

Diese Formel ist das Gegenstück zu (16), und man kann aus derselben in analoger Weise wie früher nachstehende Näherungsformel ableiten:

$$(23) \quad z_u' \doteq z - 2\varrho'' \cdot \frac{\cos(\delta+z)\cos\delta}{\sin z} \cdot \cos^2\left(\frac{t}{2}\right) - (\delta_u - \delta) = z_u'.$$

Hat man aus dieser z_u' berechnet, dann findet man die genäherte Breite:

$$(24) \quad \varphi' = 180^0 - (\delta + z_u')$$

und mit dieser die endgültige Meridianzenitdistanz z_u aus der der Formel (22) nachgebildeten Gleichung:

$$(25) \quad \begin{cases} \sin\left(\dfrac{z_u - z}{2}\right) \\ \doteq \dfrac{\cos\varphi'\cos\delta}{\sin\left(\dfrac{z + z_u'}{2}\right)} \cos^2\left(\dfrac{t}{2}\right) - \dfrac{\delta_u - \delta}{2\varrho''} \cdot \dfrac{\sin(\varphi' + \delta)}{\sin\left(\dfrac{z + z_u'}{2}\right)}. \end{cases}$$

Hat man hieraus z_u berechnet, so erhält man die endgültige Breite φ aus:

$$(26) \quad \varphi = 180^0 - (\delta + z_u).$$

Die Gleichungen (17) bis (20) bzw. (23) bis (26) liefern die geographische Breite aus Zirkummeridianzenitdistanzen in unmittelbarer Nachbarschaft der oberen bzw. unteren Kulmination in dem allgemeinen Falle, daß ein Gestirn mit veränderlicher Deklination beobachtet wurde.

In dem besonderen Falle, wo ein Fixstern, also ein Gestirn mit konstanter Deklination, der Beobachtung unterworfen wird, tritt eine Reduktion der genannten Formeln ein, weil dann:

$$\delta_o = \delta_u = \delta \quad \text{zu setzen ist.}$$

Damit findet man nach (17) bis (20) für Beobachtung in der Nachbarschaft der oberen Kulmination:

$$(27) \quad \begin{cases} z_o' = z - 2\varrho'' \cdot \dfrac{\cos(\delta \pm z)\cos\delta}{\sin z} \cdot \sin^2\left(\dfrac{t}{2}\right). \\ \text{Genäherte Breite:} \quad \varphi' = \delta \pm z_o'; \\ \sin\left(\dfrac{z - z_o}{2}\right) = \dfrac{\cos\varphi'\cos\delta}{\sin\left(\dfrac{z + z_o'}{2}\right)} \cdot \sin^2\left(\dfrac{t}{2}\right), \quad \text{daraus } z_o \cdots \\ \text{Endgültige Breite:} \quad \varphi = \delta \pm z_o. \end{cases}$$

§ 30. Breitenbestimmung aus Zirkummeridianzenitdistanzen 109

Analog findet man aus (23) bis (26) für Beobachtungen in der Nachbarschaft der unteren Kulmination:

(28) $$\begin{cases} z'_u = z - 2\varrho'' \cdot \dfrac{\cos(\delta + z)\cos\delta}{\sin z} \cdot \cos^2\left(\dfrac{t}{2}\right), \\[4pt] \text{Genäherte Breite:} \quad \varphi' = 180^0 - (\delta + z'_u), \\[4pt] \sin\left(\dfrac{z_u - z}{2}\right) = \dfrac{\cos\varphi' \cos\delta}{\sin\left(\dfrac{z + z_u}{2}\right)} \cdot \cos^2\left(\dfrac{t}{2}\right), \;\text{daraus}\; z_u \cdots \\[4pt] \text{Endgültige Breite:} \quad \varphi = 180^0 - (\delta + z_u). \end{cases}$$

Die Transformation von Gauß. Gauß hat den Nachweis erbracht, daß man die Gleichungen (27) auch für Gestirne mit veränderlicher Deklination anwenden darf, wenn man den Stundenwinkel derselben nicht vom Meridiane sondern vom Stundenkreise der größten Gestirnhöhe aus zählt.

Für Gestirne mit veränderlicher Deklination ist nach (17):

$$z'_0 = z - 2\varrho'' \cdot \frac{\cos(\delta \pm z)\cos\delta}{\sin z} \cdot \sin^2\left(\frac{t}{2}\right) \mp (\delta_0 - \delta).$$

Bezeichnet man die aus den Ephemeriden zu entnehmende tägliche Deklinationsänderung des Gestirnes mit $\Delta\delta''$, so wird für *Beobachtung westlich vom Meridiane:*

$$\delta_0 - \delta = -\frac{\Delta\delta''}{24} \cdot t^h.$$

Setzt man demnach:

$$-2\varrho'' \cdot \frac{\cos(\delta \pm z)\cos\delta}{\sin z}\sin^2\left(\frac{t}{2}\right) \pm \frac{\Delta\delta''}{24}\cdot t^h$$
$$= -2\varrho'' \cdot \frac{\cos(\delta \pm z)\cos\delta}{\sin z} \cdot \sin^2\left(\frac{\tau_\omega}{2}\right),$$

so findet man:

(29) $$z'_0 \doteq z - 2\varrho'' \cdot \frac{\cos(\delta \pm z)\cos\delta}{\sin z}\sin^2\left(\frac{\tau_\omega}{2}\right).$$

Diese Gleichung stimmt in der Form mit (27) überein; somit ist die Gaußsche Transformation vollzogen. — Es erübrigt nur noch, die Bedeutung des Hilfswinkels τ_ω zu erklären. Zu diesem Zwecke beachte man, daß sowohl t als auch τ_ω nur kleine Größen sind, mithin obige Substitution auch folgendermaßen geschrieben werden kann:

$$-2\varrho'' \cdot \frac{\cos(\delta \pm z)\cos\delta}{\sin z} \cdot \left(\frac{t}{2}\right)^2 \pm \frac{\Delta\delta''}{24}\cdot t^h$$
$$= -2\varrho'' \cdot \frac{\cos(\delta \pm z)\cos\delta}{\sin z} \cdot \left(\frac{\tau_\omega}{2}\right)^2,$$

110 IV. Geographische Breiten- und Längenbestimmung

oder:
$$-2\varrho'' \cdot \frac{\cos(\delta \pm z)\cos\delta}{\sin z} \cdot \left(\frac{\widehat{t}}{2}\right)^2 \pm \frac{\varDelta\delta''}{24} \cdot \varrho'' \cdot \frac{\widehat{t}}{15 \cdot 3600}$$
$$= -2\varrho'' \cdot \frac{\cos(\delta \pm z)\cos\delta}{\sin z} \cdot \left(\frac{\widehat{\tau_\omega}}{2}\right)^2.$$

(30) Hieraus folgt: $\widehat{\tau_\omega}^2 = \widehat{t}^2 \mp \frac{\varDelta\delta''}{12} \cdot \frac{\widehat{t}}{15 \cdot 3600} \cdot \frac{\sin z}{\cos(\delta \pm z)\cos\delta}.$

Zieht man aus diesem Ausdrucke die genäherte Wurzel unter Anwendung der Binomialformel, so kommt:

$$\widehat{\tau_\omega} \doteq \widehat{t} \mp \cdot \frac{\varDelta\delta''}{24} \cdot \frac{1}{15 \cdot 3600} \cdot \frac{\sin z}{\cos(\delta \pm z)\cos\delta},$$

(31) $\begin{cases} \tau_\omega'' = t'' \mp \varrho'' \cdot \dfrac{\varDelta\delta''}{360 \cdot 3600} \cdot \dfrac{\sin z}{\cos(\delta \pm z)\cos\delta} \\[4pt] = \begin{cases} \text{da } \varrho'' = \dfrac{360 \cdot 3600}{2\pi} \\ \text{und } z \doteq \pm(\varphi - \delta) \end{cases} = t'' - \dfrac{\varDelta\delta''}{2\pi} \cdot \dfrac{\sin(\varphi - \delta)}{\cos\varphi \cos\delta}. \end{cases}$

Beachtet man noch, daß der Stundenwinkel der größten Gestirnhöhe gegeben ist durch die Gleichung:

(a) $$t_H'' = \frac{\varDelta\delta''}{2\pi} \cdot (\operatorname{tg}\varphi - \operatorname{tg}\delta_0),$$

so erkennt man, daß (31) auch folgendermaßen geschrieben werden kann:

(32) $\begin{cases} \tau_\omega'' = t'' - \dfrac{\varDelta\delta''}{2\pi} \cdot (\operatorname{tg}\varphi - \operatorname{tg}\delta) \\[4pt] \doteq t'' - \dfrac{\varDelta\delta''}{2\pi} \cdot (\operatorname{tg}\varphi - \operatorname{tg}\delta_0) = t'' - t_H''. \end{cases}$

Das heißt: **Der Hilfswinkel τ_ω ist der spitze Winkel, den die Stundenebene des Gestirnes im Augenblick der Beobachtung mit der Stundenebene der größten Gestirnhöhe einschließt.**

Im Falle die Beobachtung östlich vom Meridiane stattfindet, ist:

$$\delta_0 - \delta = \frac{\varDelta\delta''}{24} \cdot (24^\mathrm{h} - t^\mathrm{h}),$$

damit wird:

$$z_0' = z - 2\varrho'' \cdot \frac{\cos(\delta \pm z)\cos\delta}{\sin z} \cdot \sin^2\left(\frac{t}{2}\right) \mp \frac{\varDelta\delta''}{24} \cdot (24^\mathrm{h} - t^\mathrm{h}),$$

oder da: $\sin\left(\dfrac{t}{2}\right) = \sin\left(180^0 - \dfrac{t}{2}\right) = \sin\left(\dfrac{360^0 - t}{2}\right),$

$$z_0' = z - 2\varrho'' \cdot \frac{\cos(\delta \pm z)\cos\delta}{\sin z} \cdot \sin^2\left(\frac{360^0 - t}{2}\right) \mp \frac{\varDelta\delta''}{24} \cdot (24^\mathrm{h} - t^\mathrm{h}).$$

§ 30. **Breitenbestimmung aus Zirkummeridianzenitdistanzen** 111

Setzt man nun:

(33) $$\begin{cases} -2\varrho'' \dfrac{\cos(\delta \pm z)\cos\delta}{\sin z} \cdot \sin^2\left(\dfrac{360^0 - t}{2}\right) \mp \dfrac{\Delta\delta''}{24}(24^h - t^h) \\ \quad = -2\varrho'' \dfrac{\cos(\delta \pm z)\cos\delta}{\sin z} \cdot \sin^2\left(\dfrac{\tau_0}{2}\right), \end{cases}$$

(34) so wird: $z_0 = z - 2\varrho'' \cdot \dfrac{\cos(\delta \pm z)\cos\delta}{\sin z} \cdot \sin^2\left(\dfrac{\tau_0}{2}\right)$

und die Gaußsche Transformation ist vollzogen.

Um die Bedeutung des Hilfswinkels τ_0 zu erkennen, beachte man, daß:

$$24^h - t^h = \frac{360^0 - t^0}{15} = \varrho^0 \cdot \frac{2\pi - \widehat{t}}{15} = \varrho'' \cdot \frac{2\pi - \widehat{t}}{15 \cdot 3600},$$

und daß mit Rücksicht darauf die Gleichung (33) auch so geschrieben werden kann:

$$-2\varrho'' \cdot \frac{\cos(\delta \pm z)\cos\delta}{\sin z} \cdot \left(\frac{2\pi - \widehat{t}}{2}\right)^2 \mp \frac{\Delta\delta''}{24} \cdot \varrho'' \cdot \frac{2\pi - \widehat{t}}{15 \cdot 3600}$$
$$= -2\varrho'' \cdot \frac{\cos(\delta \pm z)\cos\delta}{\sin z} \cdot \left(\frac{\tau_0}{2}\right)^2,$$

woraus folgt:

$$\widehat{\tau_0}^2 = (2\pi - \widehat{t})^2 \pm \frac{\Delta\delta''}{12} \cdot \frac{2\pi - \widehat{t}}{15 \cdot 3600} \cdot \frac{\sin z}{\cos(\delta \pm z)\cos\delta}$$

$$= \left\{\begin{array}{l}\text{da } \varphi \doteq \delta \pm z \\ \text{und } z \doteq \pm(\varphi - \delta)\end{array}\right\} = (2\pi - \widehat{t})^2 + \frac{\Delta\delta''}{12} \cdot \frac{2\pi - \widehat{t}}{15 \cdot 3600} \cdot (\operatorname{tg}\varphi - \operatorname{tg}\delta).$$

Zieht man mittelst Anwendung der Binomialreihe die Wurzel aus diesem Ausdrucke, so kommt:

$$\widehat{\tau_0} = (2\pi - \widehat{t}) + \frac{\Delta\delta''}{24} \cdot \frac{1}{15 \cdot 3600} \cdot (\operatorname{tg}\varphi - \operatorname{tg}\delta),$$

$$\tau_0'' = (360^0 - t)'' + \frac{\Delta\delta''}{360} \cdot \frac{\varrho''}{3600} \cdot (\operatorname{tg}\varphi - \operatorname{tg}\delta)$$

$$= (360^0 - t)'' + \frac{\Delta\delta''}{2\pi} \cdot (\operatorname{tg}\varphi - \operatorname{tg}\delta),$$

oder mit Rücksicht auf Gleichung (a):

(35) $$\tau_0'' = (360^0 - t)'' + t_{II}''.$$

Das heißt: **Der Winkel τ_0 ist der spitze Winkel, den die Stundenebene des Gestirnes im Augenblicke der Beobachtung mit der Stundenebene der größten Gestirnhöhe einschließt.**

Damit ist aber der bereits oben erwähnte Satz bewiesen, daß die Formeln (27) auch für Gestirne mit veränderlicher Deklination Gültigkeit haben, sobald man ihren Stundenwinkel nicht vom Meridiane aus, sondern von der Stundenebene der größten Gestirnhöhe aus zählt. — (Satz von Gauß.)

112 IV. Geographische Breiten- und Längenbestimmung

Breitenbestimmung aus Zirkummeridianzenitdistanzen des Polarsternes. Der Polarstern besitzt eine sehr große Deklination von zirka $88° 30'$; er ist infolge dieses Umstandes zur Breitenbestimmung aus Zirkummeridianzenitdistanzen ganz besonders geeignet, da er an jeder beliebigen Stelle seiner scheinbaren täglichen Bahn in der Nachbarschaft des Meridianes verbleibt.

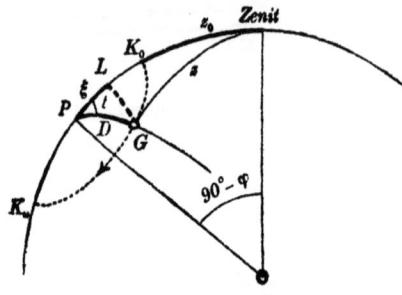

Fig. 56.

Da der unter dem Namen Poldistanz eingeführte Komplementwinkel der Deklination:

$$D = 90 - \delta$$

beim Polarstern eine kleine Größe ist, pflegt man in den Näherungsformeln für Polarsternbeobachtungen mit Vorliebe die Reihenentwicklung nach steigenden Potenzen der Poldistanz zur Anwendung zu bringen.

Eine derartige Näherungsformel kann unter Zuhilfenahme der Figur 56 in folgender Weise erhalten werden:

Projiziert man den Polarstern G durch einen größten Kugelkreis orthogonal auf den Meridian, so erhält man das rechtwinkelige sphärische Dreieck $(G-P-L)$ mit dem rechten Winkel bei L.

In demselben ist:

$$\cos t = \cotg D \cdot \ctg(90 - \xi) = \cotg D \cdot \tg \xi$$

$$\tg \xi = \cos t \cdot \tg D,$$

(36) oder genähert: $\xi'' \doteq D'' \cdot \cos t$.

(A) Nun wird: $90 - \varphi = z_0 + D'' = z + \xi + v''$,

wobei v'' eine noch unbekannte Verbesserung vorstellt.

Aus (A) folgt:

$$z_0 = z + \xi + v'' - D'' \stackrel{(36)}{=} z + v'' - D'' \cdot (1 - \cos t),$$

oder: $z_0 = z + v'' - 2 D'' \cdot \sin^2\left(\frac{t}{2}\right).$

Andererseits ist nach (27):

$$z_0 \doteq z - 2 \varrho'' \frac{\cos(\delta - z) \cos \delta}{\sin z} \cdot \sin^2\left(\frac{t}{2}\right).$$

Durch Gleichsetzung der rechten Seiten der beiden letzten Gleichungen findet man:

(37) $\quad v'' = - 2 \varrho'' \dfrac{\cos(\delta - z) \cos \delta}{\sin z} \cdot \sin^2\left(\dfrac{t}{2}\right) + 2 D'' \cdot \sin^2\left(\dfrac{t}{2}\right).$

§ 31. Breitenbestimmung aus Sterndurchgängen 113

Da $\cos(\delta - z) = \cos[90 - (D + z)] = \sin(D + z)$

und $\cos \delta = \cos(90 - D) = \sin D \doteq \widehat{D} = \dfrac{D''}{\varrho''}$,

so folgt aus (37):

$$v'' = -2D'' \cdot \frac{\sin(D+z)}{\sin z} \cdot \sin^2\left(\frac{t}{2}\right) + 2D'' \cdot \sin^2\left(\frac{t}{2}\right).$$

Beachtet man noch, daß:

$$\sin(z + D) = \sin z + \widehat{D} \cdot \cos z - \frac{\widehat{D}^2}{2} \sin z - \frac{\widehat{D}^3}{6} \cdot \cos z + - \cdots,$$

so folgt:

$$v'' = -2\frac{D''^2}{\varrho''} \cdot \sin^2\left(\frac{t}{2}\right) \cdot \operatorname{cotg} z + \frac{D''^3}{\varrho''^2} \sin^2\left(\frac{t}{2}\right) + - \cdots.$$

Mit den hier entwickelten Gliedern findet man nach (A):

$$(38) \quad \begin{cases} \varphi \doteq 90^0 - z - D'' \cos t + 2\dfrac{D''^2}{\varrho''} \sin^2\left(\dfrac{t}{2}\right) \cdot \operatorname{cotg} z \\ \quad - \dfrac{D''^3}{\varrho''^2} \cdot \sin^2\left(\dfrac{t}{2}\right) = \varphi'. \end{cases}$$

Damit ist ein Ausdruck für die genäherte Breite gewonnen.

Die endgültige Breite findet man, indem man aus (38) φ' ziffermäßig berechnet, sodann die genäherte Meridianzenitdistanz z_0' nach der Formel:

$$(39) \qquad z_0' = \delta - \varphi'$$

bestimmt und schließlich zur Berechnung des endgültigen Wertes von z_0 die Formel (16) heranzieht, in der für den Polarstern $\delta_0 = \delta$ zu setzen ist.

Damit erhält man:

$$(40) \qquad \sin\left(\frac{z - z_0}{2}\right) = \frac{\cos \varphi' \cos \delta}{\sin\left(\dfrac{z + z_0}{2}\right)} \cdot \sin^2\left(\frac{t}{2}\right).$$

Daraus findet man $z_0 = \cdots$ bzw. $\varphi = \delta - z_0$.

§ 31. **Breitenbestimmung aus Sterndurchgängen durch einen bestimmten Vertikal.** Beobachtet man die Zenitdistanz z eines Gestirnes $G \begin{cases} \alpha \\ \delta \end{cases}$ im Augenblicke des Durchganges durch einen bestimmten Vertikal mit bekanntem Azimute α, so kann man die geographische Breite φ des Beobachtungsortes wie folgt berechnen.

Nach dem Positionsdreiecke ($P - \text{Zenit} - G$) in Figur 57 ist:

$\cos(90 - \delta) = \cos(90 - \varphi)\cos z + \sin(90 - \varphi)\sin z \cos(180 - \alpha)$,

(A) $\qquad \sin \delta = \sin \varphi \cos z - \cos \varphi \sin z \cos \alpha.$

114 IV. Geographische Breiten- und Längenbestimmung

Setzt man: $\cos a \sin z = \cos z \cdot \operatorname{tg} Q$,

(1) also: $$\operatorname{tg} Q = \cos a \cdot \operatorname{tg} z,$$

so kommt: $\sin \delta = \cos z (\sin \varphi - \cos \varphi \operatorname{tg} Q) = \cos z \cdot \dfrac{\sin(\varphi - Q)}{\cos Q}$,

(2) $$\sin(\varphi - Q) = \dfrac{\sin \delta \cdot \cos Q}{\cos z}.$$

Die geometrische Deutung der Größe Q ist leicht zu erweisen. Projiziert man das Gestirn G durch einen größten Kugelkreis orthogonal auf den Meridian nach dem Punkte F und bezeichnet man den im Winkelmaße ausgedrückten Abstand des Punktes F vom Zenit mit B, so wird aus dem rechtwinkeligen sphärischen Dreiecke ($G - \text{Zenit} - F$):

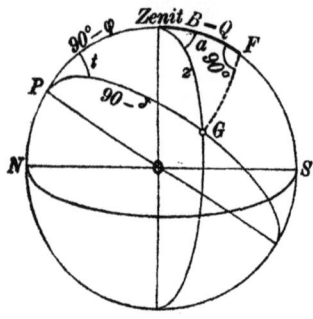

Fig. 57.

$$\cos a = \operatorname{cotg}(90 - B) \cdot \operatorname{cotg} z,$$
$$\operatorname{tg} B = \cos a \cdot \operatorname{tg} z \overset{(1)}{=} \operatorname{tg} Q,$$

also wird: $$B = Q.$$

Liegt a im ersten oder vierten Quadranten, so liegt nach (1) Q im ersten Quadranten, und es wird $(\varphi - Q)$ ein $\pm$ spitzer Winkel, je nachdem $\delta \gtreqless 0$ ist.

Liegt a im zweiten oder dritten Quadranten, dann liegt Q im vierten Quadranten, oder anders gesprochen, dann wird Q ein negativer spitzer Winkel.

Mithin liegt dann $(\varphi - Q)$ im $\binom{\text{ersten}}{\text{zweiten}}$ Quadranten, je nachdem $F \binom{\text{über}}{\text{unter}}$ den Weltpol fällt.

Die günstigsten Beobachtungsverhältnisse findet man durch Differentiation der Gleichung (A) unter der Annahme, daß δ eine Konstante sei. Man erhält:

$$0 = \underbrace{(\cos \varphi \cos z + \sin \varphi \sin z \cos a)}_{\sin(90-\delta)\cos t} d\varphi$$
$$- \underbrace{(\sin \varphi \sin z + \cos \varphi \cos z \cos a)}_{\sin(90-\delta)\cos p} dz + \cos \varphi \sin z \sin a \cdot da,$$

$$d\varphi = \dfrac{\cos p}{\cos t} \cdot dz - \dfrac{\cos \varphi}{\cos \delta} \dfrac{\sin z \sin a}{\cos t} \cdot da.$$

Und da nach dem Sinussatze: $\dfrac{\sin z}{\cos \delta} = \dfrac{\sin t}{\sin a}$,

(3) so kommt: $$d\varphi = \dfrac{\cos p}{\cos t} dz - \cos \varphi \operatorname{tg} t \cdot da.$$

§ 31. Breitenbestimmung aus Sterndurchgängen

Diese Formel zeigt, daß $d\varphi$ klein werden muß, wenn $t \doteq 0$ wird. Daher der Satz: **Die Breitenbestimmung aus der beobachteten Zenitdistanz eines Gestirnes in einem bestimmten Vertikal mit bekanntem Azimut soll in der Nähe des Meridianes durchgeführt werden.**

Wird nicht die Zenitdistanz z sondern die Uhrzeit u im Augenblicke des Sterndurchganges beobachtet, so erhält man mit Hilfe des bekannten Uhrstandes σ:

die mittlere Zeit des Durchganges: $\quad t_M = u + \sigma$,

die Sternzeit des Durchganges:

$$S = S_0 + (u + \sigma) \cdot 1{\cdot}00273791 = t + \alpha,$$

daraus den Stundenwinkel des Durchganges:

(4) $\quad\quad t = S_0 + (u + \sigma) \cdot 1{\cdot}00273791 - \alpha.$

Beachtet man noch, daß einerseits: $\sin z = \dfrac{\sin t \cdot \cos \delta}{\sin a}$,

andererseits $\quad \cos z = \sin \varphi \sin \delta + \cos \varphi \cos \delta \cdot \cos t$,

so findet man bei Einsetzung dieser Ausdrücke in die Gleichung (A):

$\sin \delta = \sin^2 \varphi \sin \delta + \sin \varphi \cos \varphi \cos \delta \cos t - \cos \varphi \cos \delta \sin t \cot g\, a,$

$\sin \delta \cos^2 \varphi = \cos \varphi \cos \delta \cdot (\sin \varphi \cos t - \sin t \cot g\, a),$

(B) $\quad\quad \operatorname{tg} \delta \cdot \cos \varphi = \sin \varphi \cos t - \sin t \cot g\, a.$

Setzt man jetzt: $\quad \cos t = \operatorname{tg} \delta \cdot \cot g\, R,$

(5) also: $\quad\quad \boldsymbol{\operatorname{tg} R = \dfrac{\operatorname{tg} \delta}{\cos t}},$

so wird:

$\sin t \cot g\, a = \operatorname{tg} \delta \cdot (\sin \varphi \cot g\, R - \cos \varphi) = \operatorname{tg} \delta \cdot \dfrac{\sin(\varphi - R)}{\sin R},$

(6) $\quad\quad \boldsymbol{\sin(\varphi - R) = \dfrac{\sin t \sin R \cdot \cot g\, a}{\operatorname{tg} \delta}}.$

R ist durch (5) inklusive Quadranten, also eindeutig, bestimmt; dagegen bleibt $(\varphi - R)$ aus (6) noch doppeldeutig.

Zur Beseitigung der Doppeldeutigkeit projiziere man das Gestirn G entsprechend der Figur 58 orthogonal auf den Meridian nach F und berechne aus dem rechtwinkeligen sphärischen Dreiecke $(G-F-P')$ die Seite $\widehat{P'F} = L$.

Man erhält:

$\cos t = \cot g(90 - L) \cdot \cot g(90 + \delta) = - \operatorname{tg} L \cdot \operatorname{tg} \delta = \operatorname{tg}(-L) \cdot \operatorname{tg} \delta$

$\operatorname{tg}(-L) = \operatorname{tg}(180^0 - L) = \dfrac{\cos t}{\operatorname{tg} \delta} = \cot g\, R = \operatorname{tg}(90 - R)$

(7) $\quad\quad 180 - L = 90 - R, \quad$ oder $\quad \boldsymbol{R = L - 90^0}.$

IV. Geographische Breiten- und Längenbestimmung

Es ist also R nichts anderes als der im Meridiane gemessene Abstand des Projektionspunktes F vom Äquator.

Damit erhält man folgendes Schema:

Ist $\delta > 0$, t im ersten oder vierten Quadranten, so liegt R im ersten Quadranten und $(\varphi - R)$ im ersten oder vierten Quadranten, je nachdem F südlich oder nördlich vom Zenit fällt.

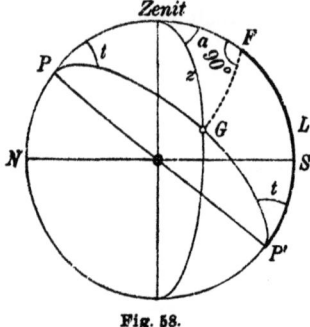

Fig. 58.

Ist $\delta < 0$, t im ersten oder vierten Quadranten, so liegt R im vierten Quadranten und $(\varphi - R)$ im ersten Quadranten.

Ist $\delta > 0$, t im zweiten oder dritten Quadranten, so liegt R im zweiten Quadranten und $(\varphi - R)$ im vierten Quadranten.

Zusammenfassend erhält man also den Satz: $(\varphi - R)$ liegt im ersten oder vierten Quadranten, je nachdem F südlich oder nördlich vom Zenit fällt.

Um die günstigsten Umstände für die Beobachtung festzustellen, differenziere man die Gleichung (B) unter der Annahme, daß δ eine gegebene Konstante sei. Man erhält:

$$(\operatorname{tg} \delta \sin \varphi + \cos \varphi \cos t)\, d\varphi$$
$$= (\sin \varphi \sin t + \cos t \operatorname{cotg} a)\, dt - \frac{\sin t}{\sin^2 a}\, da.$$

Aus dem Positionsdreiecke ist:

$$\cos z = \sin \varphi \sin \delta + \cos \varphi \cos \delta \cos t$$

und

$$\cos p = -\cos t \cos(180 - a) + \sin t \sin(180 - a) \cos(90 - \varphi)$$
$$= \cos t \cos a + \sin t \sin \varphi \sin a.$$

Mithin kann man obige Differentialgleichung auch folgendermaßen schreiben:

$$\frac{\cos z}{\cos \delta} \cdot d\varphi = \frac{\cos p}{\sin a}\, dt - \frac{\sin t}{\sin^2 a}\, da,$$

$$d\varphi = \frac{\cos p \cos \delta}{\sin a \cos z} \cdot dt - \frac{\sin t \cos \delta}{\sin^2 a \cos z} \cdot da.$$

Beachtet man noch, daß: $\dfrac{\sin t}{\sin a} = \dfrac{\sin z}{\cos \delta}$,

(8) so kommt: $d\varphi = \dfrac{\cos p \cdot \cos \delta}{\sin a \cdot \cos z}\, dt - \dfrac{\operatorname{tg} z}{\sin a} \cdot da.$

Damit also $d\varphi$ unter sonst gleichen Umständen möglichst klein werde, muß:
$$\left.\begin{array}{l}\sin a \doteq 1 \\ \cos z \doteq 1\end{array}\right\} \quad \text{also:} \quad \left.\begin{array}{l} a \doteq 90^0 \\ z \doteq 0^0 \end{array}\right\} \text{ sein.}$$

§ 31. Breitenbestimmung aus Sterndurchgängen

Daher der Satz: Die Breitenbestimmung aus dem beobachteten Stundenwinkel eines Gestirnes im Momente der Passage durch einen gegebenen Vertikal mit bekanntem Azimute erfolgt am besten in der Nachbarschaft des ersten Vertikales bei kleiner Zenitdistanz.

Breitenbestimmung aus den Zenitdistanzen eines Sternes mit südlicher Kulmination bei seinem östlichen und westlichen Durchgange durch einen gewählten Vertikal. Ist z_o die Zenitdistanz des östlichen, z_w die Zenitdistanz des westlichen Durchganges eines Sternes $G \begin{Bmatrix} \delta \\ \alpha \end{Bmatrix}$ durch den gewählten Vertikal, ist ferner a_o das Azimut des Ostzweiges, a_w das Azimut des Westzweiges dieses Vertikales, so wird aus dem Positionsdreiecke:

(I) $\begin{cases} \text{Für den östlichen Durchgang:} \\ \sin \delta = \sin \varphi \cos z_o - \cos \varphi \sin z_o \cos a_o \mid \cdot \sin z_w \\ \text{und für den westlichen Durchgang:} \\ \sin \delta = \sin \varphi \cos z_w - \cos \varphi \sin z_w \cos a_w \\ = \sin \varphi \cos z_w + \cos \varphi \sin z_w \cos a_o \mid \cdot \sin z_o. \end{cases}$

Multipliziert man die erste dieser Gleichungen mit $\sin z_w$, die zweite mit $\sin z_o$ und addiert, so kommt:

$$\sin \delta \cdot (\sin z_w + \sin z_o) = \sin \varphi \cdot (\sin z_w \cos z_o + \cos z_w \sin z_o),$$

$$2 \sin \delta \cdot \sin\left(\frac{z_w + z_o}{2}\right) \cos\left(\frac{z_w - z_o}{2}\right) = \sin \varphi \cdot \sin(z_w + z_o)$$

$$= 2 \sin \varphi \cdot \sin\left(\frac{z_w + z_o}{2}\right) \cos\left(\frac{z_w + z_o}{2}\right).$$

(1) Daraus folgt: $\quad \sin \varphi = \sin \delta \cdot \dfrac{\cos\left(\dfrac{z_w - z_o}{2}\right)}{\cos\left(\dfrac{z_w + z_o}{2}\right)}.$

Um die günstigsten Umstände für die Beobachtung zu ermitteln, differenziere man die Gleichung (1) unter der Annahme, daß δ eine gegebene, unveränderliche Konstante sei. Man erhält:

$$\cos \varphi \, d\varphi = \sin \delta \cdot \frac{\begin{Bmatrix} -\cos\left(\dfrac{z_w + z_o}{2}\right) \sin\left(\dfrac{z_w - z_o}{2}\right) \cdot \dfrac{1}{2}(dz_w - dz_o) \\ +\cos\left(\dfrac{z_w - z_o}{2}\right) \sin\left(\dfrac{z_w + z_o}{2}\right) \cdot \dfrac{1}{2}(dz_w + dz_o) \end{Bmatrix}}{\cos^2\left(\dfrac{z_w + z_o}{2}\right)},$$

(2) oder: $\quad d\varphi = \dfrac{\sin \delta}{2 \cos \varphi} \cdot \dfrac{\sin z_o \cdot dz_w + \sin z_w \cdot dz_o}{\cos^2\left(\dfrac{z_w + z_o}{2}\right)}.$

IV. Geographische Breiten- und Längenbestimmung

Das heißt: **Der durch Zenitdistanzfehler bedingte Breitenfehler wird klein, wenn z_o und z_w kleine Größen sind. Dies kann nur durch Beobachtung im ersten Vertikal oder dessen Nachbarschaft erzielt werden.**

Breitenbestimmung aus den Stundenwinkeln eines Fixsternes bei dessen östlichem und westlichem Durchgang durch einen bestimmten Vertikal.

(A)
$$\begin{cases} \text{Für östlichen Durchgang ist:} \\ \sin\delta = \sin\varphi\cos z_o - \cos\varphi\sin z_o \cdot \cos a_o \,|\, \sin z_w \\ \text{und für westlichen Durchgang ist:} \\ \overline{\sin\delta = \sin\varphi\cos z_w + \cos\varphi\sin z_w \cos a_o \,|\, \sin z_o} \end{cases}$$

(1) $\quad \sin\delta \cdot (\sin z_o + \sin z_w) = \sin\varphi \cdot \sin(z_o + z_w).$

Nach dem Sinussatze ist:

(2) $\quad \sin z_o = \cos\delta \cdot \dfrac{\sin t_o}{\sin a_o}, \quad \sin z_w = \cos\delta \cdot \dfrac{\sin t_w}{\sin a_w} = -\cos\delta \cdot \dfrac{\sin t_w}{\sin a_o}.$

(3) Ergo wird:
$$\begin{cases} \sin z_o + \sin z_w = \dfrac{\cos\delta}{\sin a_o} \cdot (\sin t_o - \sin t_w) \\ = 2\,\dfrac{\cos\delta}{\sin a_o} \cdot \sin\left(\dfrac{t_o - t_w}{2}\right)\cos\left(\dfrac{t_o + t_w}{2}\right). \end{cases}$$

Nach dem Kosinussatze folgt:
$$\cos z_o = \sin\varphi\sin\delta + \cos\varphi\cos\delta \cdot \cos t_o,$$
$$\cos z_w = \sin\varphi\sin\delta + \cos\varphi\cos\delta \cdot \cos t_w.$$

Daher wird mit Rücksicht auf (2):
$$\sin(z_o + z_w) = \sin z_o \cos z_w + \cos z_o \sin z_w$$
$$= \sin\varphi\sin\delta\cos\delta \cdot \dfrac{\sin t_o - \sin t_w}{\sin a_o} + \cos\varphi\cos^2\delta \cdot \dfrac{\sin(t_o - t_w)}{\sin a_o}$$

(4) $\begin{cases} = 2 \cdot \dfrac{\cos\delta}{\sin a_o} \cdot \left\{ \sin\delta\sin\varphi \cdot \sin\left(\dfrac{t_o - t_w}{2}\right)\cos\left(\dfrac{t_o + t_w}{2}\right) \right. \\ \left. + \cos\delta\cos\varphi\sin\left(\dfrac{t_o - t_w}{2}\right)\cos\left(\dfrac{t_o - t_w}{2}\right) \right\}. \end{cases}$

(3) und (4) in (1) eingesetzt liefert:
$$\sin\delta \cdot \cos\left(\dfrac{t_o + t_w}{2}\right)$$
$$= \sin\delta\sin^2\varphi \cdot \cos\left(\dfrac{t_o + t_w}{2}\right) + \cos\delta\sin\varphi\cos\varphi\cos\left(\dfrac{t_o - t_w}{2}\right),$$
$$\sin\delta \cdot \cos^2\varphi \cdot \cos\left(\dfrac{t_o + t_w}{2}\right) = \cos\delta\sin\varphi\cos\varphi \cdot \cos\left(\dfrac{t_o - t_w}{2}\right).$$

(5) Daraus erhält man: $\quad \operatorname{tg}\varphi = \operatorname{tg}\delta \cdot \dfrac{\cos\left(\dfrac{t_o + t_w}{2}\right)}{\cos\left(\dfrac{t_o - t_w}{2}\right)}.$

§ 31. Breitenbestimmung aus Sterndurchgängen

Die totale Differentiation dieser Gleichung unter der Annahme, daß δ eine von Haus aus bekannte Konstante sei, liefert:

$$\frac{d\varphi}{\cos^2\varphi} = \text{tg}\,\delta \cdot \frac{\left\{\begin{array}{l}-\cos\left(\frac{t_o-t_w}{2}\right)\sin\left(\frac{t_o+t_w}{2}\right)\cdot\frac{1}{2}(dt_o+dt_w) \\ +\cos\left(\frac{t_o+t_w}{2}\right)\sin\left(\frac{t_o-t_w}{2}\right)\cdot\frac{1}{2}(dt_o-dt_w)\end{array}\right\}}{\cos^2\left(\frac{t_o-t_w}{2}\right)},$$

oder anders geschrieben:

(6) $\quad d\varphi = -\dfrac{\text{tg}\,\delta \cdot \cos^2\varphi}{2\cos\left(\frac{t_o-t_w}{2}\right)} \cdot [\sin t_w \cdot dt_o + \sin t_o\, dt_w].$

Daraus erkennt man, daß für ein bestimmtes dt_o und dt_w der Breitenfehler $d\varphi$ nur dann sehr klein wird, wenn:

$$\frac{t_o-t_w}{2} \doteq 180^0, \quad \text{also:} \quad \begin{cases} t_o \doteq 360^0 \\ t_w \doteq 0^0. \end{cases}$$

Diese günstigsten Umstände werden erreicht, wenn man ein wohl südlich vom Zenite, aber nahe dem letzteren kulminierendes Gestirn entweder im ersten Vertikale oder in einem benachbarten Vertikale beobachtet.

Bemerkung. Man könnte in einfacher Weise auch Formeln herleiten, die eine Berechnung der geographischen Breite φ auch dann gestatten, wenn die Deklination des beobachteten Fixsternes unbekannt ist.

So folgt zum Beispiele durch Subtraktion der Ausgangsgleichungen (A):

$$0 = \sin\varphi \cdot (\cos z_o - \cos z_w) - \cos\varphi \cos a_o(\sin z_o - \sin z_w),$$

oder:

(7) $\quad \text{tg}\,\varphi = \cos a_o \cdot \dfrac{\sin z_o - \sin z_w}{\cos z_o - \cos z_w} = -\cos a_o \cdot \text{cotg}\left(\dfrac{z_o+z_w}{2}\right).$

Aus: $\quad \cos z_o = \sin\delta \sin\varphi + \cos\delta \cos\varphi \cos t_o,$

$\qquad \cos z_w = \sin\delta \sin\varphi + \cos\delta \cos\varphi \cos t_w$

folgt: $\quad \cos z_o - \cos z_w = \cos\delta \cos\varphi (\cos t_o - \cos t_w)$

und aus den Gleichungen (2) erhält man:

$$\sin z_o - \sin z_w = \frac{\cos\delta}{\sin a_o} \cdot (\sin t_o + \sin t_w).$$

Mithin wird:

$$\frac{\cos z_o - \cos z_w}{\sin z_o - \sin z_w} = -\text{tg}\left(\frac{z_o+z_w}{2}\right) = \sin a_o \cos\varphi \cdot \frac{\cos t_o - \cos t_w}{\sin t_o + \sin t_w}$$

$$= -\sin a_o \cos\varphi \cdot \text{tg}\left(\frac{t_o-t_w}{2}\right) \stackrel{(7)}{=} \cos a_o \cdot \text{cotg}\,\varphi.$$

Daraus erhält man:

(8) $$\sin \varphi = - \cotg a_o \cdot \cotg\left(\frac{t_o - t_w}{2}\right).$$

Breitenbestimmung aus den Zenitdistanzen eines Fixsternes mit nördlicher Kulmination beim oberen und unteren Durchgang durch einen bestimmten Vertikal. Das Azimut des Nordzweiges des gewählten Vertikales sei a; dann bestehen nach dem Positionsdreiecke folgende zwei Relationen:

Für oberen Durchgang:

$$\sin \delta = \sin \varphi \cos z_o - \cos \varphi \sin z_o \cos a \mid \cdot \sin z_u,$$

Für unteren Durchgang:

$$\sin \delta = \sin \varphi \cos z_u - \cos \varphi \sin z_u \cos a \mid \cdot \sin z_o.$$

Multipliziert man die erste dieser Gleichungen mit $\sin z_u$, die zweite mit $\sin z_o$ und subtrahiert sodann die zweite von der ersten, so kommt:

$$\sin \delta (\sin z_u - \sin z_o)$$
$$= \sin \varphi \cdot (\sin z_u \cos z_o - \cos z_u \sin z_o) = \sin \varphi \cdot \sin(z_u - z_o),$$

oder:
$$2 \sin \delta \cdot \sin\left(\frac{z_u - z_o}{2}\right) \cos\left(\frac{z_u + z_o}{2}\right)$$
$$= 2 \sin \varphi \cdot \sin\left(\frac{z_u - z_o}{2}\right) \cos\left(\frac{z_u - z_o}{2}\right),$$

(1) $$\sin \varphi = \sin \delta \cdot \frac{\cos \frac{1}{2}(z_u + z_o)}{\cos \frac{1}{2}(z_u - z_o)}.$$

Zur Ermittelung der günstigsten Umstände für die Beobachtung differenziere man (1) total, wobei δ als Konstante zu betrachten ist. Dies gibt:

(2) $$\cos \varphi \, d\varphi = - \sin \delta \cdot \frac{\sin z_o \cdot dz_u + \sin z_u \cdot dz_o}{2 \cos^2 \frac{1}{2}(z_u - z_o)}.$$

Damit also $d\varphi$ für eine bestimmte Breite φ und bestimmte Werte von dz_u bzw. dz_o klein werde, muß der Nenner rechterhand in (2) möglichst groß sein; dies ist der Fall für:

(3) $$\cos \tfrac{1}{2}(z_u - z_o) \doteq 1; \quad \text{also:} \quad z_u \doteq z_o.$$

Dies ist nur in der Nähe der größten Digression möglich, denn in der letzteren selbst wird in aller Strenge $z_u = z_o$, weil, wie bereits früher gezeigt wurde, in der größten Digression die Sternbahn vom zugeordneten Vertikal berührt wird.

In der größten Digression selbst ist: $z_u = z_o = z_g$,

(4) also nach (1): $\sin \varphi = \sin \delta \cos z_g.$

§ 31. Breitenbestimmung aus Sterndurchgängen

Breitenbestimmung aus den Stundenwinkeln eines nördlich vom Zenit kulminierenden Fixsterns bei dessen oberem und unterem Durchgang durch einen bestimmten Vertikal. Nach Formel (1) der vorhergehenden Aufgabe ist:
$$\sin \varphi = \sin \delta \cdot \frac{\cos \frac{1}{2}(z_u + z_o)}{\cos \frac{1}{2}(z_u - z_o)}.$$

Multipliziert man diese Gleichung mit der Identität:
$$1 = \frac{2 \cdot \sin \frac{1}{2}(z_u - z_o)}{2 \cdot \sin \frac{1}{2}(z_u - z_o)},$$

so kann man dieselbe auch folgendermaßen schreiben:

(1) $$\sin \varphi = \sin \delta \cdot \frac{\sin z_u - \sin z_o}{\sin (z_u - z_o)}.$$

Nunmehr ist nach dem Positionsdreiecke:

(α) $\sin z_u = \dfrac{\cos \delta}{\sin a} \cdot \sin t_u$ und $\sin z_o = \dfrac{\cos \delta}{\sin a} \cdot \sin t_o$.

Ferner ist: $\cos z_u = \sin \varphi \sin \delta + \cos \varphi \cos \delta \cos t_u,$
$\cos z_o = \sin \varphi \sin \delta + \cos \varphi \cos \delta \cos t_o.$

Somit:

(2) $$\begin{cases} \sin (z_u - z_o) = \sin z_u \cos z_o - \cos z_u \sin z_o \\ = \dfrac{\sin \varphi \cdot \sin \delta \cos \delta}{\sin a} \cdot (\sin t_u - \sin t_o) + \dfrac{\cos \varphi \cos^2 \delta}{\sin a} \cdot \sin (t_u - t_o) \end{cases}$$

(3) und $\sin z_u - \sin z_o = \dfrac{\cos \delta}{\sin a} \cdot (\sin t_u - \sin t_o)$

(2) und (3) in (1) eingesetzt liefert:
$$\sin \varphi = \frac{\sin \delta \cos \delta \cdot (\sin t_u - \sin t_o)}{\sin \varphi \sin \delta \cos \delta \cdot (\sin t_u - \sin t_o) + \cos \varphi \cos^2 \delta \cdot \sin (t_u - t_o)},$$
oder:
$$\sin \varphi \cos \varphi \cos^2 \delta \cdot \sin(t_u - t_o) = \sin \delta \cos \delta \cdot (\sin t_u - \sin t_o) \cdot (1 - \sin^2 \varphi)$$
$$= \sin \delta \cos \delta \cdot \cos^2 \varphi \, (\sin t_u - \sin t_o).$$

(4) Daraus folgt: $\operatorname{tg} \varphi = \operatorname{tg} \delta \cdot \dfrac{\sin t_u - \sin t_o}{\sin (t_u - t_o)}.$

Da $\sin t_u - \sin t_o = 2 \sin \tfrac{1}{2}(t_u - t_o) \cos \tfrac{1}{2}(t_u + t_o)$
und $\sin (t_u - t_o) = 2 \sin \tfrac{1}{2}(t_u - t_o) \cos \tfrac{1}{2}(t_u - t_o),$
so kann die Gleichung (4) auch so geschrieben werden:

(5) $$\operatorname{tg} \varphi = \operatorname{tg} \delta \cdot \frac{\cos \frac{1}{2}(t_u + t_o)}{\cos \frac{1}{2}(t_u - t_o)}.$$

Um noch die günstigsten Umstände für die Beobachtung zu ermitteln, differenziere man (5) total unter der Annahme, daß δ eine

122 **IV. Geographische Breiten- und Längenbestimmung**

unveränderliche Konstante sei. Man findet nach einfacher Zusammenfassung den Ausdruck:

$$(6) \qquad \frac{d\varphi}{\cos^2\varphi} = -\operatorname{tg}\delta \cdot \frac{\sin t_o \cdot dt_u + \sin t_u \cdot dt_o}{2\cos^2\frac{1}{2}(t_u - t_o)}.$$

Daraus erkennt man aber, daß für eine bestimmte geographische Breite φ und für bestimmte Fehler dt_u bzw. dt_o der Breitenfehler $\delta\varphi$ nur dann klein werden kann, wenn:

$$\cos^2\tfrac{1}{2}(t_u - t_o) \doteq 1,$$

also: $\qquad t_u - t_o \doteq 0 \quad \text{bzw.} \quad t_u \doteq t_o \text{ ist.}$

Diese Forderung wird aber nur in der Nachbarschaft der größten Digression erfüllt.

Bemerkung: Ist die Deklination δ des beobachteten Gestirnes unbekannt, dann kann man analoge Formeln herleiten, in denen an Stelle der unbekannten Deklination δ das Azimut a auftritt, das durch Beobachtung festgestellt werden muß.

So ist zum Beispiel aus dem Positionsdreieck:

$$-\sin z_o \cos a = \cos\varphi \sin\delta - \sin\varphi \cos\delta \cos t_o$$
$$-\sin z_u \cos a = \cos\varphi \sin\delta - \sin\varphi \cos\delta \cos t_u$$

Also: $\cos a \cdot (\sin z_u - \sin z_o) = \sin\varphi \cos\delta \cdot (\cos t_u - \cos t_o),$

oder wegen (α):

$$\cos\delta \cdot \operatorname{cotg} a (\sin t_u - \sin t_o) = \sin\varphi \cos\delta \cdot (\cos t_u - \cos t_o).$$

(7) Daraus folgt: $\sin\varphi = -\operatorname{cotg} a \cdot \operatorname{cotg}\tfrac{1}{2}(t_u + t_o).$

§ 32. Bestimmung des geographischen Längenunterschiedes aus Mondkulminationen.

Definition: Unter der geographischen Länge eines Ortes A versteht man jenen Winkel λ, welchen die Meridianebene dieses Ortes mit dem durch einen bestimmten zweiten Ort O gelegten Nullmeridian einschließt. (Figur 59.)

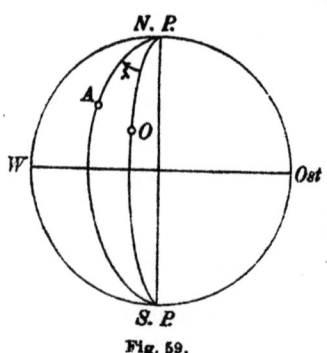
Fig. 59.

Die geographische Länge λ werde vom Nullmeridian aus nach Westen zu positiv gezählt. In der Regel wird der Meridian von Greenwich als Nullmeridian gewählt.

Um die geographische Länge λ eines Ortes A zu bestimmen, gibt es eine Reihe von Methoden, die jedoch alle mehr oder weniger von besonderen Hilfsmitteln abhängig sind, die erstens nicht immer zur Verfügung

§ 32. Bestimmung des geographischen Längenunterschiedes

stehen, zweitens unter allen Umständen kostspielig werden. Bloß die Bestimmung der Länge aus Mondkulminationen ist auch für den Privatmann leicht durchführbar, sobald er nur über astronomische Tafeln (Ephemeriden) verfügt.

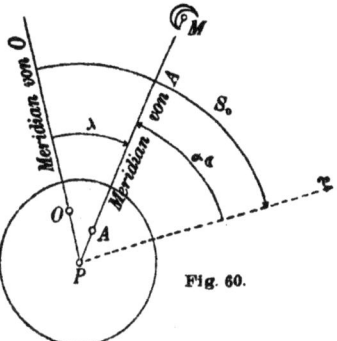

Fig. 60.

Die Rektaszension des Mondes ist variabel und ihre Änderung eine derart rasche, daß sie zeitweilig pro Zeitminute etwa 2·5 Zeitsekunden ausmacht. Dieser Umstand kann zur Bestimmung der geographischen Länge des Beobachtungsortes A in nachstehender Weise verwendet werden:

In Figur 60 sei:

P der Nordpol der Erde und der um P geschlagene Kreis der Erdäquator;

M der Mittelpunkt des durch den Meridian des Beobachtungsortes A gehenden Mondes;

O jener am „Nullmeridian" gelegene Ort, für welchen Ephemeriden erscheinen;

Υ der Frühlingspunkt;

$a_{\mathbb{C}}$ die Rektaszension des Mondes im Momente seines Durchganges durch den Meridian von A;

λ der gesuchte Längenunterschied zwischen den Orten O und A, also die geographische Länge des Ortes A.

In dem Augenblicke wo der Mondmittelpunkt den Meridian von A passiert, mache man die Uhrablesung u an einer gutgehenden Uhr, deren Stand σ gegen die Ortssternzeit von A genau bekannt ist.

Bezeichnet man die letztere mit S, so wird im Augenblicke des Monddurchganges:

(1) $$\begin{cases} S = u + \sigma = t_{\mathbb{C}} + a_{\mathbb{C}} \\ = \{\text{da für die obere Kulmination } t_{\mathbb{C}} = 0\} = a_{\mathbb{C}}. \end{cases}$$

Nun bestimmt man aus den Ephemeriden des Ortes O, in denen die Rektaszension des Mondes von Halbtag zu Halbtag eventuell sogar von Stunde zu Stunde angegeben ist, durch Interpolation jene Sternzeit S_0 von O, in welcher der Mond die nach (1) berechnete Rektaszension hat. Sodann wird nach Figur 60:

(2) $$\lambda = S_0 - a_{\mathbb{C}}.$$

IV. Geographische Breiten- und Längenbestimmung

Damit ist die Aufgabe der geographischen Längenbestimmung prinzipiell gelöst. — Es erübrigt nur noch zu erklären:

a) Die Bestimmung der Sternzeit S, die dem Durchgange des Mondmittelpunktes M durch den Meridian von A entspricht, da bei der Beobachtung nicht die Mondmitte sondern der vorangehende (westliche) oder nachgehende (östliche) Mondrand anvisiert wird.

b) Die Bestimmung der Sternzeit S_0 durch Interpolation aus den Angaben der Ephemeriden.

Sub a. In Figur 61 stellt der voll ausgezogene Mittelstrich den Meridian des Beobachtungsortes A dar.

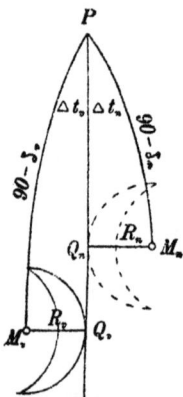

Fig. 61.

Der Fall der Beobachtung des vorangehenden Mondrandes ist voll, der Fall der Beobachtung des nachgehenden Mondrandes ist punktiert gezeichnet.

In beiden Fällen projiziert man den Mondmittelpunkt M_v bzw. M_n durch einen größten Kugelkreis orthogonal auf den Meridian von A nach Q_v bzw. Q_n, wodurch man die rechtwinkeligen sphärischen Dreiecke (PM_vQ_v) bzw. (PM_uQ_u) erhält.

In diesen Dreiecken sind die kleinen spitzen Winkel Δt_v bzw. Δt_u die Stundenwinkel des Mondmittelpunktes für den Moment der Randbeobachtung.

Zwecks Berechnung der Sternzeit S der Kulmination des Mondmittelpunktes hat man:

Bei Beobachtung des vorangehenden Randes zur Sternzeit S_v des Randantrittes jenes Sternzeitintervall ΔS_v zu addieren, das der Mond benötigt, um den Stundenwinkel Δt_v zurückzulegen;

Bei Beobachtung des nachgehenden Randes dagegen von der Sternzeit S_n des Randaustrittes das Sternzeitintervall ΔS_u zu subtrahieren, welches der Mond zur Durchmessung des Stundenwinkels Δt_n brauchte.

In Zeichen geschrieben wird also:

(3) $\qquad S = S_v + \Delta S_v = S_n - \Delta S_n.$

Da ganz allgemein: $\quad S = t + \alpha,$

also: $\qquad\qquad dS = dt + d\alpha,$

so wird angenähert:

(4) $\quad \Delta S_v = \Delta t_v + \Delta \alpha_v \quad$ bzw. $\quad \Delta S_n = \Delta t_n + \Delta \alpha_n,$

wobei $\Delta \alpha_v$ bzw. $\Delta \alpha_n$ die Rektaszensionsänderungen des Mondes bedeuten, die den Stundenwinkeländerungen Δt_v bzw. Δt_n zugeordnet sind.

§ 32. Bestimmung des geographischen Längenunterschiedes

Aus dem rechtwinkeligen sphärischen Dreiecke PM_vQ_v in Figur 61 folgt, wenn die Deklination des Mondmittelpunktes im Augenblicke des Randantrittes mit δ_v bezeichnet wird und R_v den Mondradius bedeutet:
$$\cos(90 - R_v) = \sin \Delta t_v \sin(90 - \delta_v),$$

also: $\quad\sin \Delta t_v = \dfrac{\sin R_v}{\cos \delta_v}\quad$ bzw. $\quad \Delta t_v'' \doteq \dfrac{R_v''}{\cos \delta_v},$

(5) somit: $\qquad \Delta t_v^s = \dfrac{R_v''}{15 \cdot \cos \delta_v},$

analog wird aus dem sphärischen Dreiecke PM_nQ_n:

(6) $\qquad\qquad \Delta t_n^s = \dfrac{R_n''}{15 \cdot \cos \delta_n}.$

Macht man im Augenblicke des Randantrittes bzw. Randaustrittes die Uhrablesungen u_v bzw. u_n und sind σ_v bzw. σ_n die zugeordneten Standkorrektionen, so wird:

(7) $\qquad\qquad S_v = u_v + \sigma_v \quad$ bzw. $\quad S_n = u_n + \sigma_n.$

(4) in (3) eingesetzt liefert nunmehr mit Rücksicht auf (5), (6) und (7):

Bei Beobachtung des vorangehenden Randes:

(8) $\qquad S = u_v + \sigma_v + \dfrac{R_v''}{15 \cdot \cos \delta_v} + \Delta a_v \stackrel{(1)}{=} a_{\mathbb{C}}.$

Bei Beobachtung des nachgehenden Randes:

(9) $\qquad S = u_n + \sigma_n - \dfrac{R_n''}{15 \cdot \cos \delta_n} - \Delta a_n \stackrel{(1)}{=} a_{\mathbb{C}}.$

Durch (8) und (9) sind die Sternzeiten der Kulmination des Mondmittelpunktes vollkommen definiert; jedoch ist zu ihrer Berechnung die Kenntnis der Deklination δ_v bzw. δ_n des Mondes im Momente der Randbeobachtung erforderlich. Diese Kenntnis aber kann man sich nur durch Doppelrechnung näherungsweise verschaffen.

Nach der allgemeingültigen Formel: $S = t + \alpha$

ist: $\qquad S_v = 24^h - \Delta t_v^h + \alpha_v = u_v + \sigma_v$

und $\qquad S_n = \Delta t_n^s + \alpha_n = u_n + \sigma_n.$

(10) Daraus wird: $\begin{cases} \alpha_v = u_v + \sigma_v + \Delta t_v^s - 24^h \\ \alpha_n = u_n + \sigma_n - \Delta t_n^s \end{cases}$

Nun setzt man zunächst einmal näherungsweise:

(11) $\qquad \begin{cases} \alpha_v \doteq u_v + \sigma_v - 24^h = \alpha_v' \\ \alpha_n \doteq u_n + \sigma_n = \alpha_n' \end{cases}$

und sucht aus den Ephemeriden durch Interpolation die zugeordneten Deklinationswerte: δ'_v bzw. δ'_n sowie die zugeordneten Radienwerte: R'_v bzw. R'_n.

Mit diesen rechnet man nach (5) oder (6) die genäherten Stundenwinkel:

$$(12) \qquad \Delta t^s_v \doteq \frac{(R'_v)''}{15 \cdot \cos \delta'_v} \quad \text{bzw.} \quad \Delta t^s_n \doteq \frac{(R'_n)''}{15 \cdot \cos \delta'_n}$$

und findet schließlich nach (10):

$$(13) \qquad \begin{cases} \alpha_v = u_v + \sigma_v + \dfrac{(R'_v)''}{15 \cdot \cos \delta'_v} - 24^h \\ \alpha_n = u_n + \sigma_n - \dfrac{(R'_n)''}{15 \cdot \cos \delta'_n}. \end{cases}$$

Mit den so berechneten Werten α_v bzw. α_n rechnet man aus den Ephemeriden durch Interpolation die zugeordneten Werte δ_v bzw δ_n der Monddeklination im Augenblicke der Randbeobachtung und die Mondradien R''_v bzw. R''_n.

Hat man diese Größen bestimmt, so bekommt man Δt^s_v bzw. Δt^s_n nach (5) oder (6) und die zugeordneten Werte $\Delta \alpha_v$ bzw. $\Delta \alpha_n$ durch Interpolation aus den Ephemeriden anschließend an die bekannten Rektaszensionen α_v bzw. α_n, berechnet aus (13).

Schließlich findet man die Sternzeit der Mondkulmination nach (8) oder (9) und den gesuchten Längenunterschied nach (2):

$$(14) \qquad \lambda = S_0 - \alpha_{\mathbb{C}}.$$

Dabei bedeutet S_0 jene Sternzeit im Nullmeridiane, die der Mondrektaszension $\alpha_{\mathbb{C}}$ zugeordnet ist.

Sub b. Bestimmung der zur Rektaszension $\alpha_{\mathbb{C}}$ zugeordneten Sternzeit S_0 durch Interpolation aus den Ephemeriden:

Sind in den Ephemeriden die Rektaszensionen des Mondes von Stunde zu Stunde angegeben, dann ist die einfache geradlinige Interpolation hinreichend genau. — Findet man dagegen die Rektaszensionen bloß von Halbtag zu Halbtag verzeichnet, dann empfiehlt sich parabolische Interpolation.

Angenommen, es liege der nach (8) oder (9) gefundene Wert $\alpha_{\mathbb{C}}$ zwischen den Tafelwerten α_1 und α_2 der Ephemeriden, dann nehme man noch den dritten, nachfolgenden Tafelwert α_3 hinzu und trage einerseits die Werte $\alpha_1, \alpha_2, \alpha_3$ als Abszissen, andererseits die zugeordneten Sternzeiten S_1, S_2, S_3 als Ordinaten in einem rechtwinkeligen Achsenkreuze auf. Dadurch erhält man die drei Bild-

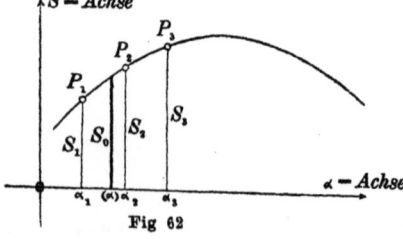
Fig 62

§ 32. Bestimmung des geographischen Längenunterschiedes

punkte P_1, P_2, P_3 (Figur 62), durch welche eine Parabel mit vertikaler Achse gelegt werden kann.

Die allgemeine Gleichung einer Parabel mit vertikaler Achse in den Koordinaten α, S lautet:

$$S = A + B\alpha + C\alpha^2.$$

Soll diese Parabel durch die Punkte P_1, P_2, P_3 hindurchgehen, dann müssen folgende drei Bedingungsgleichungen erfüllt sein:

$$S_1 = A + B \cdot \alpha_1 + C \cdot \alpha_1^2,$$
$$S_2 = A + B \cdot \alpha_2 + C \cdot \alpha_2^2,$$
$$S_3 = A + B \cdot \alpha_3 + C \cdot \alpha_3^2.$$

Daraus erhält man für die Koeffizienten A, B, C die Werte:

$$(15) \quad A = \frac{\begin{vmatrix} S_1, \alpha_1, \alpha_1^2 \\ S_2, \alpha_2, \alpha_2^2 \\ S_3, \alpha_3, \alpha_3^2 \end{vmatrix}}{\begin{vmatrix} 1, \alpha_1, \alpha_1^2 \\ 1, \alpha_2, \alpha_2^2 \\ 1, \alpha_3, \alpha_3^2 \end{vmatrix}}; \quad B = \frac{\begin{vmatrix} 1, S_1, \alpha_1^2 \\ 1, S_2, \alpha_2^2 \\ 1, S_3, \alpha_3^2 \end{vmatrix}}{\begin{vmatrix} 1, \alpha_1, \alpha_1^2 \\ 1, \alpha_2, \alpha_2^2 \\ 1, \alpha_3, \alpha_3^2 \end{vmatrix}}; \quad C = \frac{\begin{vmatrix} 1, \alpha_1, S_1 \\ 1, \alpha_2, S_2 \\ 1, \alpha_3, S_3 \end{vmatrix}}{\begin{vmatrix} 1, \alpha_1, \alpha_1^2 \\ 1, \alpha_2, \alpha_2^2 \\ 1, \alpha_3, \alpha_3^2 \end{vmatrix}}.$$

Mit diesen Koeffizienten berechnet man dann den zu $\alpha_\mathbb{C}$ zugeordneten Wert S_0 nach der Formel:

$$(16) \quad S_0 = A + B \cdot \alpha_\mathbb{C} + C \cdot \alpha_\mathbb{C}^2.$$

MIX
Papier aus verantwortungsvollen Quellen
Paper from responsible sources
FSC® C105338

If you have any concerns about our products,
you can contact us on
ProductSafety@springernature.com

In case Publisher is established outside the EU,
the EU authorized representative is:
**Springer Nature Customer Service Center GmbH
Europaplatz 3, 69115 Heidelberg, Germany**

Printed by Libri Plureos GmbH
in Hamburg, Germany